城市水资源与水环境国家重点实验室资助

"十二五"国家重点图书·市政与环境工程系列丛书

寒冷地区城市水资源承载力模型

邱　微　樊庆锌　编著

袁一星　主审

哈尔滨工业大学出版社

内容简介

本书内容主要包括:第1章以可持续发展理论、水—生态环境—社会经济复合系统理论以及水资源循环机制为理论基础,分析探讨水资源承载力概念、内涵及特征;第2章结合"寒区"的地理特征,分析寒区城市水资源及水循环特点,进一步阐述寒区城市地表水及地下水资源分布状况及规律;第3章对比评价指标体系构建的常用方法,建立寒冷地区水资源承载力的评价体系;第4章阐述寒区城市水资源承载力建模的方法,包括系统动力学模型、多目标规划模型、水资源生态承载力计算模型;第5、6章及第7章分别为应用模型计算开展研究的具体案例;第8章提出寒区城市水资源可持续发展战略。

本书可供高等学校市政工程、城市水资源、环境科学与工程等专业的师生及相关科研工作者参考使用。

图书在版编目(CIP)数据

寒冷地区城市水资源承载力模型/邱微,樊庆锌编著.
—哈尔滨:哈尔滨工业大学出版社,2013.12
ISBN 978 - 7 - 5603 - 4269 - 6

Ⅰ.①寒⋯　Ⅱ.①邱⋯ ②樊⋯　Ⅲ.①城市用水—水资源—承载力—研究—黑龙江省　Ⅳ.①TV213.4

中国版本图书馆 CIP 数据核字(2013)第 252645 号

策划编辑　贾学斌
责任编辑　李广鑫
出版发行　哈尔滨工业大学出版社
社　　址　哈尔滨市南岗区复华四道街 10 号　邮编 150006
传　　真　0451—86414749
网　　址　http://hitpress.hit.edu.cn
印　　刷　哈尔滨市工大节能印刷厂
开　　本　787mm×960mm　1/16　印张 16　字数 265 千字
版　　次　2013 年 12 月第 1 版　2013 年 12 月第 1 次印刷
书　　号　ISBN 978 - 7 - 5603 - 4269 - 6
定　　价　48.00 元

前　言

　　水资源是重要的基础性自然资源和战略性经济资源,也是生态环境发展的支撑性要素,具有不可替代性。水资源承载力是一个国家或地区持续发展过程中各种自然资源承载力的重要组成部分,既是水资源合理配置的基本度量,也是城市水环境对社会经济发展的支撑能力。控制水资源的开发利用不超过其承载能力和环境容量,才能实现水资源的可持续利用。研究水资源承载力是解决度量水资源可持续利用等诸多水问题的根本,对于促进有限水资源的科学管理和有效利用具有现实指导意义,为保障水资源的生态安全提供新思路。

　　目前针对寒冷地区水资源的特点,开展水资源承载力模型的研究比较有限,本书的出版有利于水资源承载力的模型、研究方法和案例分析等研究成果的推广,有利于定量核算水资源承载力,保护水资源的开发利用不超过其承载能力和环境容量,使经济建设与水资源保护同步进行,实现水资源与经济社会和生态环境的良性、协调发展。

　　本书共8章,主要内容包括:以可持续发展理论、水－生态环境－社会经济复合系统理论以及水资源循环机制为理论基础,分析水资源可持续利用的理论及水资源健康循环理论,构建寒冷地区城市水资源承载力的评价体系及核算模型,结合实际城市作为典型案例,定量评价寒冷地区水资源可持续利用现状,提出寒区水资源可持续发展战略。本书内容丰富、条理清晰,结合实际案例,深入浅出地讲解相关理论。书中融入了作者多年构建寒冷地区城市水资源承载力模型过程中的科研成果、实践经验与心得体会,对该领域的研究具有一定的借鉴意义。

本书第 1 章由邱微撰写,第 2 章由王立友和邱微撰写,第 3 章由邱微撰写,第 4 章由樊庆锌和邱微撰写,第 5、6 章由樊庆锌撰写,第 7、8 章由邱微撰写。本书编写过程中还得到了马放教授的支持,以及李颖、孟繁宇、徐东川、韩文滔、赵丽智、林梅媛、李美馨等同学的帮助。在这里,向为此书付出艰辛劳动的上述人员表示衷心感谢。同时感谢城市水资源与水环境国家重点实验室的资助。

本书是集体智慧的结晶,但是由于作者水平有限,书中疏漏及不妥之处在所难免,真诚希望读者批评指正。

作者

2013 年 10 月

目　　录

第1章 概　论

水资源是不可替代的基础性自然资源,人类的生存与发展以及生态系统的良性循环都离不开水。水资源是生态环境的控制性要素,又是战略性经济资源,是综合国力的重要组成部分之一。水资源可持续发展的战略问题是一个关系人类前途和命运的重大问题。水资源短缺已经成为制约许多国家和地区社会经济可持续发展的瓶颈问题。近年来,由于世界性用水矛盾的日益尖锐,人类对水资源的巨大需求,导致水资源危机日益突出,水资源的合理开发和科学利用表现得越来越重要。社会经济的可持续发展在很大限度上取决于水资源的可持续开发利用,如何保证水环境能够支撑生态系统的良性循环,保护水资源的可持续利用,是学术界和管理者面临的严峻挑战。

1.1　水资源承载力的概念、内涵及特征

关于水资源承载力的定义,许多学者都提出了自己的观点,但迄今仍是一个外延模糊、内涵混沌的概念,其内涵的界定尚存在一

定的分歧和不足。

1.1.1 水资源承载力的概念

水资源承载力体现了水资源不同于其他资源的特性,水资源承载力是基于可持续发展原则之下,水资源、社会、经济与生态环境应该协调发展。目前关于水资源承载力的定义多种多样,并无明确统一的定义,但其本质上基本一致。水资源承载力的定义应反映以下几方面的内容:

(1)水资源承载力的研究是在可持续发展的框架下进行的,要保证社会经济的可持续发展,从水资源的角度,就是首先保证生态环境的良性循环,实现水资源的可持续开发利用;从水资源社会经济系统各子系统关系的角度,就是水资源、社会、经济、生态环境各子系统之间应协调发展。

(2)水资源可持续开发利用模式和途径与传统的水资源开发利用方式有着本质的区别。传统的水资源开发利用方式是经济增长模式下的产物,而可持续的开发利用目标是要满足人类世世代代用水需要,是在保护生态环境的同时,促进经济增长和社会繁荣,而不是单纯追求经济效益。

(3)水资源承载力的研究是针对具体的区域或流域进行的,因此区域水资源系统的组成、结构及特点对承载力有很大的影响;区域水资源承载力的大小不仅与区域水资源有关,而且与所承载的社会经济系统的组成、结构、规模有关。

(4)水资源的开发利用及社会经济发展水平受历史条件的限制,对水资源承载力的研究都是在一定的发展阶段进行的。也就是说,在"不同的时间尺度"上,水资源和所承载的系统的外延和内涵都会有不同的发展。

(5)水资源在社会经济及生态环境各部门进行合理配置和有效利用的前提下,承载的社会经济规模。

综上,水资源承载力概念可定义为:在一定的技术经济水平和社会生产条件下,遵循可持续发展的原则,维护生态环境良性循环,在水资源合理开发、优化配置的前提下,水资源系统支撑人口和社会经济发展规模的最大容量。

1.1.2 水资源承载力的内涵

1.时空内涵

水资源承载力具有明显的时序性和空间性。从时间角度讲,不同的时期,不同的时间尺度,社会经济发展水平不同,开发利用水资源的能力不同,水资源的外延和内涵都会有不同的发展,从而相同水资源量的利用效率不同,单位水资源量的承载力亦不同;从空间角度讲,即使在同一时期,在不同的研究区域,由于其资源禀赋、经济基础、技术水平等方面的不同,相同的资源量所能承载的人口、社会经济发展规模也必定不同。

2.社会经济内涵

水资源承载力的社会经济内涵主要体现在人类开发水资源的经济技术能力、社会各行业的用水水平、社会对水资源优化配置以及社会用水结构等方面,水资源的优化配置本身就是一种典型的社会经济活动行为。水资源承载力的最终表现为"社会与经济规模"。人类是社会的主体,人及其所处的社会体系是水资源承载的对象,因此水资源承载力的大小是通过人口以及所对应的社会经济水平和生活水平共同体现出来的。因此,可以借助调整产业结构和提高经济技术水平等经济社会手段来进一步提高水资源承载力。

3.持续内涵

可持续发展是水资源承载力研究的指导思想。水资源承载力表示水资源持续供给社会经济体系的能力,它要求对水资源的开发利用是可持续的,社会经济发展与水资源承载力的关系应是"以供定需"的可持续开发利用理念;其次,持续的内涵还隐含着水资源承载力是随着经济技术的发展而不断增强的,并且这种增强不以追求量的增长为目的,相反,应提倡水资源需求量零增长,甚至负增长趋势下的社会经济可持续发展,提高水资源利用的效率和效益,即内涵式增长,从而达到在保护生态环境的同时,促进经济增长和社会繁荣,保证人口、资源、环境与经济的协调发展。水资源的可持续性利用是在保护后代人具有同等发展权利的条件下,合理地开发、利用水资源。

总之,水资源承载力将定性和定量地反映一个地区水的数量、质量、不同时段、不同空间地点的供需协调的综合能力,同时反映社会可持续发展在水利行业的具体表现,即水资源可持续利用的代内和代际公平的基本思想,反映人口、资源、社会经济和生态环境的复合系统特点,水资源是对流域人口、资源、社会经济和生态环境总体上协调发展的支撑能力。

1.1.3　水资源承载力的特征

水资源社会经济系统是一个开放的系统,它与外界不断进行着物质、能量、信息的交换。同时,在其内部也始终存在着物质、能量的流动。随着人类科学技术的发展,人类社会经济活动的规模与强度明显加大,水资源系统与外界及水资源系统内部的物质、能量、信息的流动会更加强烈。因此,水资源承载力具有以下几方面的特性:

1. 客观性

水资源系统是一个开放系统,它通过与外界交换物质、能量、信息,保持着其结构和功能的相对稳定性,即在一定时期内,水资源系统在结构、功能方面不会发生质的变化。水资源承载力是水资源系统结构特征的反映,在水资源系统不发生本质变化的前提下,其在质和量这两种规定性方面是可以把握的。

2. 动态性

水资源承载力的动态性主要是由于系统结构发生变化而引起的。水资源系统结构变化,一方面与系统自身的运动有关;另一方面,更主要的是与人类所施加的作用有关。水资源系统在结构上的变化,反映到承载力上,就是水资源承载力在质和量这两种规定上的变动。水资源承载力在质的规定性上的变动表现为承载力指标体系的改变,在量的规定性上的变动表现为水资源承载力指标值大小上的改变,如水资源承载能力与具体的历史发展阶段有直接的关系,不同的发展阶段有不同的承载能力。这体现在两个方面:一是不同的发展阶段人类开发水资源的技术手段不同,20 世纪五六十年代人们只能开采几十米深的浅层地下水,而 90 年代技术条件允许开采几千米甚至上万米深的地下水,现在认为海水淡化费用太高,但随着技术的进步,海水淡化的成本也会随之降低;二是不同的发展阶段,人类利用水资源的技术手段不同,随着节水技术的不断进步,水的重复利用率不断提高,人们利用单位水量所生产的产品也逐渐增加。

3.有限可控性

水资源承载力具有变动性,这种变动性在一定程度上是可以由人类活动加以控制的。人类在掌握水资源系统运动变化规律和系统社会经济发展与可持续发展的辩证关系的基础上,根据生产和生活的实际需要,对水资源系统进行有目的的改造,从而使水资源承载力在质和量两方面朝着人类预定的目标变化。但是,人类对水资源系统所施加的作用必须有一定的限度,而不能无限制地奢求。因此,水资源系统的可控性是有限度的。

水资源承载力是可以增强的,其直接驱动力是人类社会对水资源需求的增加,在这种驱动力的驱使下,人们一方面拓宽水资源利用量的外延,如地下水的开采、雨水集流、海水淡化、污水处理回用等;另一方面利用水资源使用内涵的不断添加和丰富,增强了水资源承载力,如用水结构的调整和水资源的重复利用等。需水量零增长就是在水资源量不增加的情况下,水资源承载力增强的体现。

4.模糊性和相对极限性

模糊性是指由于系统的复杂性和不确定因素的客观存在,以及人类认识的局限性,决定了水资源承载能力在具体的承载指标上存在着一定的模糊性。

相对极限性是指在某一具体历史发展阶段水资源承载能力具有最大和最高的特性,即可能的最大承载上限,其原因主要是自然条件和社会因素的约束。具体地说,包括资源条件的约束、社会经济技术水平的约束和生态环境的约束。

5. 被承载模式的多样性

被承载模式的多样性也就是社会发展模式的多样性。人类消费结构不是固定不变的,而是随着生产力的发展而变化的,尤其是在现代社会中,国与国、地区与地区之间的经贸关系弥补了一个地区生产能力的不足,使得一个地区可以不必完全靠自己的生产能力生产自己的消费产品,它可以大力生产农产品去换取自己必须的工业产品,也可以生产工业产品去换取农业产品,因此社会发展模式不是唯一的。如何确定利用有限的水资源支持适合地区条件的社会发展模式则是水资源承载能力研究不可回避的决策问题。

水资源承载力的客观性说明水资源承载力是可以认识的,动态性说明了事物总是处于不断发展变化之中,有限可控性体现了水资源承载力与人的关系,相对极限性和模糊性则反映了相对真理和绝对真理的辩证统一关系,而被承载模式的多样性则决定了水资源承载能力研究是一个复杂的决策问题。

1.2 可持续发展理论

可持续发展强调 3 个主题:代际公平、区际公平以及社会经济发展与人口、资源、环境间的协调性。在可持续发展理论的指导下,资源的可持续利用,人与环境的协调发展取代了以前片面追求经济增长的发展观念。可持续发展是一种关于自然界和人类社会发展的哲学观,可作为水资源承载力研究的指导思想和理论基础,而水资源承载力研究则是可持续发展理论在水资源管理领域的具体体现和应用。

1.2.1 可持续发展理论的提出

可持续发展是在全球面临着经济、社会、环境三大问题的情况下,人类对自身的生产、生活行为的反思以及对现实与未来的忧患的觉醒而提出的全新的人类发展观,它的产生有其深刻的历史背景和迫切的现实需要。20 世纪中叶以来,随着科学技术突飞猛进的发展,人类已经生活在一个大变革、大动荡的世界里,由于人口的急剧增长,导致了人口与经济、人口与资源矛盾的日益突出,人类为了满足自身的需求,在缺乏有效的保护措施的情况下,大量地开采和使用自然资源,使资源耗竭严重、生态环境恶化,威胁了人类的生存和发展。面对着人口、资源和环境等人类发展历史上前所未有的世界性问题,谋求人与自然和谐相处、协调发展的新的发展模式成为当务之急,可持续发展思想形成有其必然性。

可持续发展理论的形成经历了相当长的历史过程。20 世纪五六十年代,人们在经济增长、城市化、人口、资源等所形成的环境压力下,对经济增长等于发展的模式产生质疑。1962年,美国女生物学家卡逊发表了著作《寂静的春天》,作者首次把农药污染的危害展示在世人面前,"惊呼人们将会失去春光明媚的春天",在世界范围内引发了人类关于发展观念上的反思。10年后,两位著名美国学者沃德和杜博斯的享誉世界的《只有一个地球》问世,把人类生存与环境的认识推向一个新境界。同年,一个非正式国际著名学术团体——罗马俱乐部发表了有名的研究报告《增长的极限》,明确提出"持续增长"和"合理的持久的均衡发展"的概念。1987年秋季的联合国第42届大会上,世界与环境发展委员会发表了一份报告《我们共同的未来》,正式提出可持续发展概念,并以此为主题对人类共同关心的环境与发展问题进行了全面论述,受到世界各国政府组织和舆论的极大重视,从而使《我们共同的未来》成为奠定可持续发展思想的基础报告。1992年6月在巴西里约热内卢举行的联合国环境与发展大会上通过了《里约宣言》《21世纪议程》等5项文件和条约,从而标志着可持续发展思想被世界上大多数国家和组织承认并接受,标志着可持续发展从理论开始付诸实施,从此,拉开了一个新的人类发展时代的序幕。执行《21世纪议程》,不但将促使各个国家走上可持续发展的道路,还将是各国加强国际合作,促进经济发展和保护全球环境的新开端。

巴西联合国环境与发展大会以后,世界各国都开始根据各自的国情制定相应的战略,中国政府于1994年3月制定并通过了《中国21世纪议程——中国21世纪人口、环境与发展白皮书》(以下简称《中国21世纪议程》),从此作为中国今后发展的总体战略文件,来指导全社会可持续发展的进程。我国21世纪议程的战略目标确定为"建立可持续发展的经济体系、社会体系和保持与之相适应的可持续利用资源和环境基础"。

总之,可持续发展理论是在资源环境问题日益严重的背景下产生的。

1.2.2 可持续发展的原则及内涵

1.可持续发展的原则

可持续发展有以下 3 条重要的原则。

(1)公平性原则。

所谓公平性包括代内的公平,就是同代内区与区之间的均衡发展,如南半球和北半球、发展中国家和发达国家、不同民族、不同宗教及不同人种都应该是公平的,都应该公平地享受地球的资源和环境。同时要注意代际公平。就是这一代人要为后一代人着想,后一代人还要为将来的人着想,千秋万代都应该是公平地在地球上生存。

(2)可持续性原则。

地球上支持生命的自然系统不应该受到破坏,假如支持生命的水、空气、土壤受到破坏,生命就不能持续下去。

(3)共同性原则。

可持续发展是人类共同的目标,应该由人类来共同努力。中国在这一方面很积极,在 1994 年发表了《中国 21 世纪议程》并成立了"中国环境与发展国际合作委员会"。1997 年联合国召开了一个小规模会议回顾里约热内卢会议 5 年后可持续发展战略的执行情况,回顾结果不令人满意:发达国家还在消耗资源,还在越境转移废弃物,而且没有给发展中国家提供应有的资金和技术援助;发展中国家还在急于发展,把环境保护放在一边。

2.可持续发展的内涵

可持续发展是一个包含经济学、生态学、人口科学、资源科学、人文科学、系统科学在内的边缘性科学,不同的研究者从不同的角度形成不同的定义。这些定义虽然从不同角度对可持续发展的概念与内涵作进一步的补充与扩展,但本质上基本一致,都趋同于世界环境与发展委员会(WCED)在《我们共同的未来》(*Our Common Future*)报告中诠释的定义,即可持续发展的定义为:能满足当代的需要,同时不损及未来世代满足其需要之发展)。这一定义既体现了可持续发展的根本思想,又消除了不同学科间的分歧,故得到了广泛的认同。可持续发展的内涵包括以下几个方面:

(1)可持续发展要以保护自然资源和生态环境为基础,与资源、环境的承载力相协调。可持续发展认为发展与环境是一个有机整体。可持续发展把环境保护作为最基本的追求目标之一,也是衡量发展质量、发展水平和发展程度的客观标准之一。

(2)经济发展是实现可持续的条件。可持续发展鼓励经济增长,但要求在实现经济增长的方式上,应放弃传统的高消耗—高污染—高增长的粗放型方式,要追求经济增长的质量,提高经济效益。同时,要实施清洁生产,尽可能地减少对环境的污染。

(3)可持续发展要以改善和提高人类生活质量为目标,与社会进步相适应。世界各国发展的阶段不同、目标不同,但它们的发展内涵均应包括改善人类的生活质量。

(4)可持续发展承认并要求体现出环境资源的价值。环境资源的价值不仅表现环境对经济系统的支撑,而且还体现在环境对生命支撑系统不可缺少的存在价值上。

1.2.3　可持续发展理论的主要内容

1.发展是可持续发展的核心

发展是可持续发展的核心,发展是可持续发展的前提。可持续发展的内涵是能动地调控自然－社会－经济复合系统,使人类在不超越环境承载力的条件下发展经济,保持资源承载力和提高生产质量。发展不限于增长,持续不是停滞,持续依赖发展,发展才能持续。贫困与落后是造成资源与环境破坏的基本原因,是不可持续的。只有发展经济,采用先进的生产设备和工艺,降低能耗、成本,提高经济效益,增强经济实力,才有可能消除贫困;提高科学技术水平,为防治环境污染提供必要的资金和设备,才能为改善环境质量提供保障。因此,没有经济的发展和科学技术的进步,环境保护也就失去了物质基础。经济发展是保护生态系统和环境的前提条件。只有强大的物质基础和技术的支撑,才能使环境保护和经济发展持续协调地发展,所以在发展中实现持续,对于发展中的我国更当如此。

2.全人类的共同努力是实现可持续发展的关键

人类共同居住在一个地球上,全人类是一个相互联系、相互依存的整体,没有哪一个国家脱离世界市场,而达到全部自给自足。当前世界上的许多资源与环境问题已超越国家和地区界限,并为全球所关注。要达到全球的持续发展需要全人类的共同努力,必须建立起巩固的国际秩序和合作关系,对于发展中国家来说,发展经济、消除贫困是当前的首要任务,国际社会应该给予帮助和支持。保护环境、珍惜资源是全人类的共同任务,经济发达的国家负有更大的责任。对于全球的公物,如大气、海洋和其他生态系统要在统一目标的前提下进行管理。

3. 公平性是实现可持续发展的尺度

可持续发展主张人与人之间、国家与国家之间的关系应该互相尊重、互相平等。一个社会或团体的发展不应以牺牲另一个社会或团体的利益为代价。可持续发展的公平思想包含如下 3 个方面:

(1) 当代人之间的公平。两极分化的世界是不可能实现可持续发展的,因此要给世界以公平的分配和公平的发展权,要把消除贫困作为可持续发展过程中特别优先考虑的问题。

(2) 代际之间的公平。因为资源是有限的,要给世世代代人以公平利用自然资源的权力,不能因为当代人的发展与需求而损害子孙后代满足其需要的条件。

(3) 有限资源的公平分配。各国拥有开发本国自然资源的主权,同时负有不使其自身活动危害其他地区的义务。发达国家在利用地球资源上占有明显的优势,这种由来已久的优势,对发展中国家的发展长期起着抑制作用,这种局面必须尽快转变。

4. 社会的广泛参与是可持续发展实现的保证

可持续发展作为一种思想、观念,一个行动纲领,指导产生了全球发展的指令性文件《21 世纪议程》制定了《中国 21 世纪议程》。

中国根据《21世纪议程》,从此作为中国可持续发展总体战略、计划和对策方案。《中国21世纪议程》是全民参与的计划,在实施过程中,要特别注意与部门和地方结合,充分发挥各级政府的积极性。在当前由计划经济向社会主义市场经济转变过程中,使管理者在决策过程中自觉地把可持续发展思想与环境、发展紧密结合起来,并通过他们不断向人民群众灌输可持续发展思想和组织实施《中国21世纪议程》。社会发展工作主要依靠广大群众和群众组织来完成,要充分了解群众意见和要求,动员广大群众参加到可持续发展工作的全过程中来。

5.生态文明是实现可持续发展的目标

如果说农业文明为人类生产了粮食,工业文明为人类创造了财富,那么生态文明将为人类建设一个美好的环境。也就是说,生态文明主张人与自然和谐共生:人类不能超越生态系统的承载能力,不能损害支持地球生命的自然系统。中国现代化建设是以经济建设为中心,但必须以生态文明为取向,在生态文明意义上解放生产力和发展生产力。解放生产力就是要推行体制创新,发展生产力就是要大力推进科学技术进步,尤其是新能源开发和环境保护技术的进步。

6.可持续发展的实施以适宜的政策和法律体系为条件

可持续发展的实施强调"综合决策"和"公众参与"。需要改变过去各个部门封闭地、分隔地分别制定和实施经济、社会、环境的综合考虑,结合全面的信息、科学的原则来制定政策并予以实施。可持续发展的原则要纳入经济发展、人口、环境、资源、社会保障等各项立法及重大决策之中。

总之,可持续发展理论的内涵十分丰富,涉及社会、经济、人口、资源、环境、科技、教育等诸多方面,其实质是要处理好人口、资源、环境与经济协调发展关系;其根本目的是满足人类日益增长的物质和文化生活的需求,不断提高人类的生活水平;其核心问题是有效管理好自然资源,为经济发展提供持续的支撑力。

1.2.4　水资源可持续利用的理论基础

水资源可持续利用必须不仅考虑当代,而且要将后代纳入考虑的范畴,从长远考虑,与人口、资源、环境和经济密切协调起来,相互促进,实现整体、协调、优化与高效的水资源可持续利用。

1. 水资源与人口的关系

根据"国际人口行动"提供的资料,从 1940 年到 1990 年,全球人口从 23 亿增长到 53 亿,增长速度超过一倍,人均用水量从 400 m^3/a 增加到 800 m^3/a,也增加了一倍,因此全球用水量的增长超过 4 倍。虽然世界各国的用水量相差悬殊,但从全球看,全世界的用水总量和人口的增长有十分密切的关系。因此,从人口的增长和人均占有水资源的变化,可以大致看出未来水资源变化的趋势。根据国内外统计资料分析显示,人口与用水量之间呈现出很强的正相关关系,供水与人口(特别是供水年增长率与人口年增长率)有着密切的线性关系,人口增加意味着需水量的增加,而一个区域的水资源供给量相对而言是个常数,这样势必会加大水资源的供需矛盾。

此外人口的增加也意味着污水排放的增加。根据估算,在目前生活水平条件下,每人每日排放的 COD、BOD、氨氮、总磷分别为 50 g、25 g、2.5 g、0.5 g,随着生活水平的提高,还会有所增加。这说明人口的增加加重了水质的污染程度,从而加剧了水资源的供需矛盾。

根据世界卫生组织 1999 年研究报告,世界范围内导致死亡人数最多的十大危险因素中,水量不足和水质条件差仍位居在第三位。在发展中国家,由于水污染而引起的痢疾或腹泻,也在死亡原因中位列第三位。

2.水资源与经济的关系

水资源是利用最广泛的自然资源,对于绝大多数经济活动,水是最重要的投入要素之一。水资源与经济的关系密不可分,是国民经济快速健康发展的"瓶颈",所以水资源的短缺常造成巨大的经济损失。根据 1997 年世界发展报告和 1999 年世界发展指标,经济高收入(人均 GNP $\geqslant$ 9 700 美元)国家人均综合用水量,除美国 1 870 m^3、加拿大 1 602 m^3、瑞士 173 m^3、新加坡 84 m^3 外,其余国家介于 205~986 m^3 之间,多数国家在 400~800 m^3 之间。经济中等偏上(人均 GNP3 000~9 700 美元)和偏下(人均 GNP 790~3 000美元)收入国家的人均年用水量,多数大于高收入国家,一般在 400~1 000 m^3 之间,低收入国家(人均 GNP 小于 790 美元)由于经济落后,人民生活水平较低,人均综合用水量一般低于400 m^3。由此可以看出,用水量和经济发展水平有关系,经济水平较低的国家,对水资源的利用效率较低,用水量和经济水平呈现正的强相关,即水资源的消耗量随着经济收入的增加而增加,当经济发展到较高的水平,用水效率提高,水资源的消耗量不再随着经济产值的增大而增加,甚至可能随着节水技术水平的提高和经济结构的转变而呈现与经济水平负相关。总之,用水的效率和经济水平呈现正的强相关,而一个区域的水资源消耗总量不仅与经济水平有关,还与水资源人均占有量和开发利用程度、节水水平等有着极其密切的关系。

3.水资源与环境的关系

水资源与环境的关系一方面表现在排放的污水对环境造成的污染,直接反映在水环境的恶化,加剧了水资源的危机;另一方面还表现在因水资源量的缺乏和质的破坏而造成的严重的生态负效应,除了农业用水、工业用水、城市生活用水等重要基础项目外,生态环境用水正在越来越成为引人注目的用水项目。

从广义上来讲,生态用水是指维持全球生态系统水分平衡所需用的水,包括水热平衡、生物平衡、水沙平衡、水盐平衡等所需用的水都是生态用水。生态用水的缺乏造成的负面效应包括:加大地下水开采力度,加剧了超采地区的地下水位下降和地沉问题,甚至影响了地下水的水质;不得不用污染水(未经处理)来灌溉,加重了对农作物的污染,从而影响了人体的健康;河道干枯,季节性甚至常年无水,一些湖泊湿地缩小或干涸,入海径流减少,使原来的水环境和水生生态系统发生了较大的变化,向恶化的方向发展;由于地下水位的下降使土壤盐碱度加剧,影响了农作物的良好生长;有的地方因为干旱缺水出现了干化和沙化,加剧了沙漠化的发展和沙尘暴的频繁产生;由于地下水超采,造成河道堤防下沉,又使风暴潮灾害加剧等。国际上许多水资源和环境专家认为,考虑到生态与环境保护和生物多样性的要求,从水资源合理配置的角度上来看,一个国家的水资源开发利用率达到或超过 30％时,人类与自然的和谐关系将会遭到严重破坏,所以在高强度开发利用水资源时,一定要格外谨慎。

在社会可持续发展的历史背景下,必然延伸出人类社会构成因素的可持续发展问题,诸如土地资源可持续发展、矿产资源可持续发展、海洋资源可持续发展、森林资源可持续发展、水资源可持续发展等研究问题,社会可持续发展脱离不开这些资源的可持续发展问题,也就是说没有这些资源的可持续发展,社会可持续发展是不可能的。水资源的可持续利用是水资源在可持续发展理论的要求下,水资源既要满足当代人使用水资源的需求,又不对后代人满足水资源需要的能力构成危害。它是社会可持续发展理论在水资源领域的具体应用,是社会可持续发展的细化,也是社会可持续发展的重要组成部分,没有水资源的可持续发展就没有社会可持续发展。水资源的可持续利用与社会可持续发展是局部与整体的关系。

1.3 水资源－经济－社会－环境复合系统理论

复合系统具有层次结构和整体功能,由水资源系统、经济系统、社会系统和环境系统组成。这一系统具有一般系统的特征,符合系统的基本原理。

1.3.1 一般系统的概念

我国著名科学家钱学森提出的定义是"把极其复杂的研究对

象称为系统,即由相互作用和相互依赖的若干组成部分结合成的具有特定功能的有机整体,而且这个'系统'本身又是它所从属的一个更大系统的组成部分"。在自然界和人类社会中,系统是普遍存在的,而且形式多种多样。从工程技术的角度观察,系统可以分为自然系统和人工系统两大类。就自然系统来说,整个宇宙银河系、太阳系可以看作是一个大系统,地球上存在海洋系统、大气系统、水循环系统、天然河流系统等都属自然系统;人工系统是人类在其生产和生活活动中为达到不同的目的人为地建造起来的有机整体。如在工农业、交通运输、能源、水利、文化教育、医疗卫生等方面都存在多种多样的人工系统。无论是人工系统,还是自然系统,都具有以下几方面的特征:

1. 系统具有"层次性"

系统具有"若干组成部分",对于占据空间大而且构成要素之间相互关系复杂的系统,可以看作是由若干子系统有机结合而成,子系统又由若干更小的二级子系统构成。因此,系统构成要素的多样性,就是指系统结构的多层次性。

2. 系统具有"相关性"

系统的若干组成部分是"相互作用和相互依赖的",具有有机联系,相关性就是说明系统要素之间的这种关系。如果只有要素,尽管多种多样,但它们之间没有任何关系,就不能成为系统。

3. 系统具有"目的性"

系统"具有特定功能",指明系统具有目的性。人工系统都有目的性,有的不止一个目的。建立一个人工系统,必须有明确的目的,这是系统设计和运行的一个非常重要的问题。系统的目的用数学式表达出来就是目标函数。与系统的结构层次相对应,系统作为总体具有一个大的目标,其各子系统又分别具有各自的中、小目标。为了使多层次的目标均按原意图达到,就要有一定的手段和方法,使系统的各要素有机地协调动作,这就构成了多层次系统的优化问题。

4. 系统具有"整体性"

系统虽然是由各个组成部分构成,但它是作为一个统一的整体存在的。各要素各自的功能及其相互间的有机联系,只能是按一定的协调关系一于系统的整体之中。或者说对任何一个要素不能离开整体去研究要素间的联系和作用,也不能脱离对整体的协调去考虑。脱离了整体性,要素的功能和要素间的作用就失去了意义。所以,系统的组成要素及其功能要素间的相互联系,要服从系统整体的目的和要求,要服从系统整体的功能。在整体功能的基础上,展开各要素及其相互之间的活动。这个活动形成了系统整体的有机行动。这就是系统的功能应具有的整体性。

1.3.2 复合系统理论

从水资源承载力定义、内涵、特性及其影响因素可以看出,水资源承载力的评价与分析必然涉及具体区域的水资源、社会、经济和生态环境。人居环境是具有层次结构和整体功能的复合系统,由水资源系统、社会系统、经济系统和生态环境系统组成。水资源既是该复合系统的基本组成要素,又是社会系统、经济系统和生态环境系统存在和发展的支撑条件。水资源的承载状况对区域的发展起着重要的作用,水资源状况的变化往往导致区域生态环境的变化、土地利用和土地覆被的改变、社会经济发展方式的变化等。因此,水资源－社会－经济－生态环境复合系统理论是水资源承载力研究的基础,应从水资源－社会系统－经济系统－生态环境复合系统耦合机理上综合考虑水资源对地区人口、资源、环境和经济和谐发展的支撑能力。

在水资源－社会－经济－生态环境复合系统中,水资源、社会、经济、生态环境四大子系统相互促进、相互制约,构成了一个有机的整体。各子系统的功能及关系主要包括:

(1)水资源系统与生态环境系统是社会系统与经济系统赖以存在和发展的物质基础,它们为社会与经济的发展提供持续不断的自然资源与环境资源。

(2)社会系统与经济系统在发展的同时,一方面通过消耗资源与排放废物对生态环境系统和水资源系统进行污染与破坏,降低它们的承载力;另一方面又通过投资和人力改造对水资源和生态环境进行保护、治理、恢复与补偿等工程措施或非工程措施,提高它们的承载力。

(3)水资源系统是社会系统、经济系统和生态环境系统相互联系的一条纽带。水资源是生态环境的基本要素,是生态环境系统结构与功能的组成部分。同时水资源是自然与人工的复合系统,一方面依靠流域水文循环过程产生其物质性,另一方面依靠水利工程设施等实现其资源性。合理地开发利用保护水资源是水资源承载力稳定与提高和可持续发展实现的基础。水资源的不合理开发利用不仅会削弱水资源的基础,而且可能造成水资源再生机制的破坏,使得水资源制约区域社会与经济的发展。从水资源可持续性利用上能够直接反映出"人与自然"的和谐关系。

水资源的可持续利用必须同社会经济发展和生态环境保护相结合。水资源系统是生态环境系统中的一员。生态环境子系统是水资源－社会－经济－生态环境复合系统中的重要组成部分,是整个复合系统的基础。整个系统进行生产和再生产所需要的物质和能量,无一不是来源于生态环境系统,如作为水资源形成基础的水文循环运动等,均不能脱离生态环境系统而独立存在,没有生态环境系统,水资源－社会－经济－生态环境复合系统将不复存在。生态环境不但是人类社会与经济发展的物质基础与条件,而且对社会与经济发展的类型和模式产生约束力。生态环境质量的高低影响水资源开发利用的广度与深度,同时直接作用于人类,影响人类的健康与生存质量。经济发展是人类生活质量改善和提高及人类社会不断文明进步的保障,同时是生态环境保护、治理、补偿所需资金与技术的来源。人是社会的主体,社会人口的数量、质量与结构,直接影响着区域可持续发展的进行。人口规模的大小,是影响可持续发展的最基本因素。

(4)在水资源－社会－经济－生态环境复合系统中,任何一个系统出现问题都会危及另外3个系统的发展,而且问题会通过反馈作用加以放大和扩展,最终导致整个系统的衰退。如生态环境遭到破坏(森林植被等大面积的消失、水土流失、海水入侵、水质污染等)必将影响或改变区域的小气候和水循环状况,增加洪、旱、风、雪等灾害在区域内出现的频次,使得水资源的可利用量减少,最终将阻碍社会与经济的发展。反过来,社会与经济发展的受限必将会反馈到对环境治理和水利部门的投资减少,使生态环境问题和水资源问题得不到解决。而这些问题还会随着人口及排污的增加而变得更加严重,并进一步影响社会与经济的发展,形成恶性循环的局面。各子系统之间关系如图 1.1 所示。

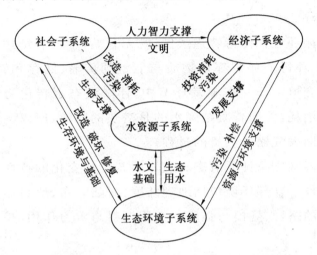

图 1.1　水资源－社会－经济－生态环境复合系统图

1.4　水　循　环

自然界中的水通过蒸发、降水、入渗和径流等运动形式组成水分循环过程。水分循环的不断持续,使地球的水圈成为一个动态系统。水分循环使人们赖以生存的淡水资源不断地得以再生,使水资源成为一种再生的动态资源。

1.4.1　水的自然循环、社会循环

地球上的水处于川流不息的循环运动中,它有两种基本类型:

自然循环和社会循环。自然界的水在太阳能照射和地心的引力等自然力的影响下,通过降水、径流、渗透和蒸发等方式,不停地流动和转化,从海洋到天空再到内陆,最后又回到海洋,循环不止,构成了自然循环。

整个循环过程保持着连续性,既无开始,也没有结尾。从本质上说,水循环每一环节都是物质与能量的传输、储存和转化过程,服从质量守恒定律。在蒸发环节中,伴随液态水转化为气态水的是热能的消耗,伴随着凝结降水的是潜热的释放,所以蒸发与降水就是地面向大气输送热量的过程。

在常温常压条件下液态、气态、固态三相变化的特性是水循环的前提条件。外部环境包括地理纬度、海陆分布、地貌形态等制约了水循环的路径、规模与强度。太阳辐射与重力作用,是水循环的基本动力。

水循环涉及整个水圈,并深入大气圈、岩石圈及生物圈。全球水循环是闭合系统,但局部水循环却是开放系统。地球上的水分在交替循环过程中,总是溶解并携带着某些物质一起运动。

人类社会为了满足生活和生产需要,以各种天然水体作为水源,在水的自然循环中强加了许多人为循环因素。如摄取河水和地下水作为农业用水、生活用水和生产用水,并将污废水返回到水的自然循环体系中。这样,由于人类活动的介入而形成的水的一个个局部人工循环体系称为社会循环,即水利用循环。水的自然循环示意图如图 1.2 所示,水的社会循环示意图如图 1.3 所示。

由于水的社会循环系统过分遵从经济和社会发展规律而忽视环境规律和生态规律,从而对人类的可持续发展带来了很多负面效应,这就要求有限的水资源能够处于一个服从各种自然与社会

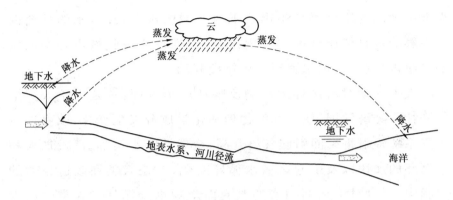

图 1.2 水的自然循环示意图

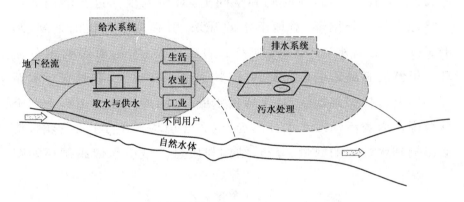

图 1.3 水的社会循环示意图

规律并有利于人类可持续发展的动力循环系统中。在水的社会循环中,遵循水的自然循环规律,与自然水文循环相协调,使自然界有限的淡水资源能够为人们循环持续地利用。

1.4.2 水的健康循环

水的社会循环中,尊重水的自然运动规律,科学合理地使用水资源,不过量开采水资源,同时将使用过的污水经过再生净化,使得上游地区的用水循环不影响下游水域的水体功能,水的社会循环不影响水自然循环的客观规律,从而维系或恢复城市乃至流域的健康水环境,实现水资源的可持续利用。

人类活动对水循环的影响反映在两个方面:一是由于人类生产和社会经济发展,使大气的物理和化学成分发生变化,改变地球大气系统辐射平衡而引起气温升高、全球性降水增加、蒸发加大和水循环的加快以及引起区域水循环变化;二是人类在改造自然的过程中,通过对下垫面因素的改变而影响水分循环。人类建造水库、排水渠道等工程,在时间和空间上,对径流规律进行的调节更直接地干扰水分循环,对地下水的开采,引起地下水位的下降,影响了降水、地下水、土壤水、地表水的循环路径,从而影响水分循环。虽然后者的影响是局部的,但其强度往往很大,有时它对水循环的影响可扩展到地区,甚至通过水圈、气圈的相互作用影响到全球范围。人类活动对水循环路径、生态环境均产生了广泛影响,从而影响到水资源的数量、分布、结构与质量。城市水健康循环如图1.4 所示。

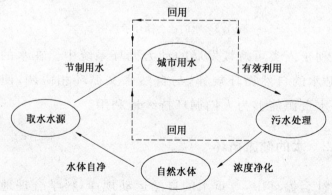

图 1.4　城市水健康循环

健康的水循环意味着循环过程的完整性、流畅性、稳定性和可持续性。健康水循环中的水体应该具有正常的水体组分、良好的水体功能和稳定的水量。从动力学角度出发,水的健康循环需要一个渗透于整个循环过程的完整动力系统,这个动力系统不同于水的自然循环过程和社会循环过程,前两个循环从熵学角度上说是一个熵增大的自发或半自发过程,由于自然生产和社会生产中可逆反应的存在,人类对资源的利用不可能达到完全,所以必然产生废弃物,很大一部分以水为载体成为污废水,当这种以熵增大为特点的循环系统的熵循环速度超过了以太阳能和地球能为能源的地球生态系统的调节速度时,这个循环系统对地球生态系统就起着破坏作用。而水的健康循环过程则需要一个渗透于循环过程各个环节的完整动力系统,这个动力系统就是可持续的城市水管理系统,它以最小的能量输入使自然生产和社会生产的熵变优化到最小,甚至出现负熵学,这从能量学和混沌学角度讲,都是可以实现的,如图 1.5 所示。

健康的水循环首先应该体现在其正常的水体组分、健全的水体功能和循环过程的完整性上。取水、供水、用水、排水及相应的节水、中水利用、水处理环节应是相辅相成、互为前提的。每一环节的缺失或忽视都会影响整体水循环的健全性。另一方面,健康的水循环又是良性的水循环,即在循环过程中水体能保持良好的自我调节、净化和对胁迫因子的恢复能力并在空间上可促进整个水体系统的良性发展。水环境健康循环的目的是为人类提供健康的生存环境、健康的水,贯穿于水的社会循环整个过程中。

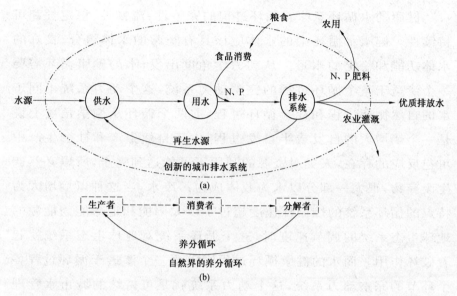

(a)

生产者 ----→ 消费者 ----→ 分解者

养分循环

自然界的养分循环

(b)

图 1.5　城市水健康循环及资源回用

第2章 寒区城市水资源分布
状况及规律

2.1 寒区的地理特征

寒区的概念目前说法尚不统一,通常会根据气温、积温等因素进行划分。寒区是指具有如下特征之一的地区:一是全年最冷月平均气温在 $-10\,°C \sim -30\,°C$;二是全年超过 $10\,°C$ 的暖季时间小于 5 个月;三是过渡季节的月平均气温低于 $0\,°C$;四是全年日平均气温超过 $10\,°C$ 时间少于 150 d。按照这个范围划分,我国的东北、西北以及西南高海拔区、华北季节性冻融区等大约占全国 40% 以上的地区都属于寒区。

具体来说,我国的寒区主要包括东北的东三省和内蒙古东部地区,西南的西藏自治区(除最南端的山南地区以外)、西北的青海、甘肃大部、新疆部分地区及四川西北部,以及华北存在季节性冻融现象的地区。东北寒区属于低山高纬寒区,虽然海拔不高,但由于纬度高,受蒙古高压的影响,成为国内最寒冷的自然区;西部寒区属低纬高山高原寒区,虽然纬度低,但地势高,深居内陆,气候寒冷。

不管是低海拔高纬度还是高海拔低纬度,寒区的一个显著特点就是温度低。但是,不同寒区温度低的程度是不一样的,有些寒区温度相对更低,这些地方常年平均温度在0 ℃以下,有些寒区温度相对高些,甚至会有四季的明显划分。在我国整个寒区中,30%存在着永久性冻土,70%存在着季节性冻土。不同程度低温对寒区的冻土范围及时长、寒区河川冰冻时间及寒区降水主要形式影响不同,进而会对寒区静态水储量、寒区水文循环、寒区水资源利用难易程度产生不同影响。

2.2 寒区城市水资源及水循环特点

寒区城市水资源是指处于寒区城市中可利用的水资源。由于特殊的自然条件,寒区内水的时空分布、运动规律与非寒区有明显的不同,主要表现为固态形式的水分布广泛,温度变化条件下存在较长时间冰—水相互转化过程(冻融过程)及其对资源、环境、工程的影响显著。因此,固态形式的水在时空上的广泛分布是寒区水资源与非寒区水资源的最主要区别。

在中国东北等高纬度寒区普遍存在的河流春汛、凌汛现象,冰雪旅游资源开发,由于冻层的存在而异于温暖地区的坡面产汇流过程等都是寒区水资源区别于非寒区水资源的一些显著特点。另外,除了常见的液态形式,在寒区,大量水资源会以固态,如冰、雪等形式存在。

　　因寒区水资源无论气温、地温，还是积温都较温暖地区低许多，所以与低温相对应的，固体降水（主要是降雪）在全年降水中的比例大，地表水体封冻时间长，季节性冻土和永久性冻土广泛存在。这样，就导致了寒区水循环（也就是水资源的形成）条件与非寒区明显不同，同时，寒区水资源的开发利用条件也与非寒区不一样。而寒区水资源可持续利用，强调的就是要正视寒区与非寒区在水资源形成和开发条件上的不同，从而更好地计算、评价、规划和调配寒区水资源，为寒区经济社会的可持续发展提供支撑。

　　寒区水文水资源的研究是寒区水资源可持续利用的基础，以我国东北地区为例简单分析寒区水循环特点。

　　影响水循环的因素很多，一般可分为四大类：气象因素、自然地理条件、人类活动和地理位置。其中，气象因素主要包括温度、湿度、风速和风向等；自然地理条件主要包括地形、地质、土壤和植被等。四类因素中，地理位置是主要的，起主导作用，因为地理位置的确定大体上就能够决定特定地区的气象条件及自然地理条件，而人类活动主要是影响下垫面的性质进而影响水循环各环节，其作用相对较小。

　　针对我国东北寒区而言，在整个漫长的冬季，气温几乎一直维持在 0 ℃以下，会长时间受到来自北方的蒙古—西伯利亚高压控制，受此高压控制的地区严寒干冷，天气以晴朗为主，很少降水。所以，相比于其他季节，冬季的东北寒区降水很少，其降水主要依靠区域内陆小循环。而在寒冷的冬季，由于地面存在厚厚的冻土，冻土非常明显的蓄水及阻隔"三水"交流的作用使得地面水或地下水蒸发至上空较非寒区非常缓慢而且有限，进一步导致东北寒区冬季降水偏少。所以，在整个冬季期间，东北寒区的水循环相对缓慢,水循环量较少。在非冬季尤其是夏季,东北地区降水主要受东亚季风影响,由于东北地区是东亚季风区的最北端,其夏季降水的多少在很大程度上决定于季风活动的强弱。夏季风温暖湿润,夹带着大量从海洋蒸发来的水汽,再加之内陆小循环较非寒区差别不大,所以东北地区夏季降水量较大,而且总体趋势为东南临海区相比内陆西北区降水量大,如位于三江平原上的富锦市与位于松嫩平原上的齐齐哈尔市虽然纬度相当,但由于富锦市更偏东南较靠近海洋,其年降水量平均要比齐齐哈尔市多 100 mm。此外,由于东亚季风年际变化较大,在季风活动较弱年份,夏季季风受到东北地区地形如山脉等影响变大,有时在迎风坡降雨较大而背风坡却很少,而且弱季风已很难对远在西北内陆的大、小兴安岭地区产生较大影响。

2.3 寒区城市水资源分布状况及规律

严格地讲,关于水资源定义及内涵尚无统一的说法,大体上可分为广义水资源定义和狭义水资源定义两大类。广义上的水资源侧重有效性,这种有效性不仅仅体现在与人类发展的直接关系上,也体现在其间接关系上,如对与人类密切相关的自然生态有重要意义的水资源等,在中国《大百科全书·水利》卷中定义的"自然界各种形态(气态、液态或固态)的天然水"便是广义上水资源的定义。狭义水资源则侧重于可控性方面,就是那些不但可为人类利用而且可以控制的水资源,如《中国资源科学百科全书》中所定义的"可供人类直接利用,能不断更新的天然淡水,主要指陆地上的地表水和地下水"便可理解为一种狭义上的水资源。

在分析一个地区或城市的水资源分布状况及规律时,人们可能并不会太过于关注本地水资源是否真正能够控制,而是更为关注地区水资源的总量、质量及分布。因为随着科技的发展,人们可控制的水资源是可变的,而且一些不可控制的水资源通过自身运动等原因,在特定时空内可能会变成可控制的,所以,文中所分析的地区或城市水资源更接近联合国教科文组织(UNESCO)和世界气象组织(WMO)定义的水资源:"作为资源的水应当是可供利用或可能被利用,具有足够数量和可用质量,并且可适合作为某地对水资源需求而能长期供应的水源。"

具体来说,一个地区或城市的水资源大体包括地下水资源和地表水资源,其中,地表水资源主要指河流及湖泊等水资源。由于一个地区尤其是城市,地表水资源和地下水资源往往不具有同一性,这在寒冷地区表现更为明显。寒区内,地表水资源与地下水资源的交流更为缓慢而滞后,一个寒区城市的地下水资源往往可能来源于寒区另一个城市甚至非寒区的地表或地下水资源。所以,针对特定地区或城市的水资源,分地表水资源和地下水资源两部分阐述。

2.3.1 寒区城市地下水资源分布状况及规律

地下水资源是一个地区整体水资源的重要组成部分,随着地表水资源日渐趋紧,形势日益严峻,地下水资源对地区的经济社会发展起着越来越大的作用,其对城市的工农业生产和人们日常生活的有序进行影响越来越重要。尤其是对于我国北方的寒冷地区,由于气候比较干旱,适宜利用的地表水资源相对较少,可利用并且适宜开采利用的地表水资源更少,此种情况下,地下水常常是重要的供水水源,特别是饮用水水源。同时,就总量来说,地下水资源相对丰富,据美国专家 Luna B、Leopold 等人的研究计算,地球上仅在地面以下 800 m 深度内的地下水体积即达到 4.17×10^4 km³,其含水量大约是世界河流、淡水湖、水库和内陆咸水总储量的 17.5 倍。

一个地区地下水资源的反映指标除了地下水的质量外,还有地下水的总储量。总储量体现在各类型地下水(通常主要为潜水和承压水)的总量上,其中的固定地区潜水总量可以由地下水位(潜水位)粗略表示。

寒区地下水资源分布及其动态规律与非寒区相比有显著特点,主要表现在以下几方面:

(1)地下水资源循环更新时间长,与外界如地表水资源信息交流相对缓慢。寒区会存在时间较长及范围较广的地表冻土,在土地封冻期间内,三水转换速率变慢,地下水资源与地表水资源及大气含水交流甚微。

(2)地下水资源垂向补给时间短,补给量较少。寒区地下水资源垂向补给主要在冻土化通后的主汛期内,只有在无冻期,地表水渗补给地下水才会有直接通道,此期间,冻层上水量往下转移,降雨入渗直接补给地下水,使地下水位迅速上升,并在雨峰后出现峰值。

(3)地下水位全年变化幅度较大且地形不同,水位高低相差很大,山丘地区及河谷地区相对于平原地区变化幅度更大。主要表现为寒区前半年地下水位几乎没有变化,7、8 月期间水位陡然上升,9、10 月达到峰值,11 月以后开始下降。不同寒区的地下水因补给来源、气候条件及水文地质条件的不同,地下水位变化趋势不会完全相同。同时,地下水位也因地形地质条件的不同相差悬殊,平原区及河谷区地下水位较高地下水位埋深浅,山丘区水位最低,而山区几乎无潜水自由水面。

不同寒区具体地下水资源分布情况也不同,以我国东北地区及部分西南地区为例,简述寒区地下水资源分布情况及规律。东北地区包括辽宁省、吉林省、黑龙江省和内蒙古自治区东部的赤峰市、通辽市、呼伦贝尔市及兴安盟,总面积 120 多万 km^2,占全国陆地面积的 13% 左右。西南地区主要介绍青海及西藏两个省区。

1. 东北地区地下水资源分布

总体来说,东北地区地下水分布广,水质较好,调蓄能力强,供水保证程度高。东北地区地下水资源的主要补给来源是大气降水,多年平均地下水资源量 600 多亿 m^3。根据地下含水层介质性质及其赋存状态,东北地区地下水类型主要有松散岩类孔隙水、碳酸盐岩溶洞溶隙水、碎屑岩类孔隙裂隙水和基岩裂隙水。其中,孔隙水主要分布于平原、河谷平原和山间盆地的松散沉积地层中;碳酸盐岩溶洞溶隙水赋存于不同埋藏深度的碳酸盐岩层的溶洞、溶隙裂隙中;裂隙水主要蕴藏于丘陵山区的基岩风化裂隙或构造裂隙中。区内地下水在空间分布上具有多层性。根据地下水资源空间分布特征,可分为浅层地下水和深层地下水。浅层地下水包括潜水和浅层承压水,全区均有分布,浅层地下水在非冻土期内与大气降水和地表水直接交替循环且埋藏较浅;深层地下水或承压水,系地质历史时期形成并赋存下来的,其埋藏较深,与大气降水和地表水交替循环相对较缓慢,主要分布于松辽平原、三江兴凯湖平原。

地下水资源的时空变化,决定于补给来源的变化,与降水、河川径流有关,而且受人类活动的影响,东北地区地下水时空分布的规律主要体现在季节和气候性上。由于区内地形、气候及水文地质条件和补给条件不同,地下水的区域分布会有差异。通常是位于山区地段的城镇地下水补给来源单一、地面坡度大,产汇流条件良好,而降水入渗条件差,降雨以产生径流为主,地下水资源贫乏,并稳定少变;而一些城市所在地的平原河谷区具有多种补给来源,地形坡度小,有利于降水入渗,地下水补给充分,变化较大。按气候和冻土区域划分,气候干燥严寒,降水少,土壤封冻时间长的地区,地下水补给量少;气候温和湿润、降水多、冻土时间短的地区,地下水补给量充足,变化较大。所以,平原河谷埋深浅,山丘区深,而山区几乎无潜水自由水面。东北地区地下水资源存在一个明显不足,就是其分布非常不均匀,这也是东北地区地下水时空分布规律的体现。地下水资源的分布,严格受地质构造、地形、地貌及含水岩组的控制。区内地下水资源主要集中分布在嫩江流域、松花江干流流域、西辽河流域和辽河干流流域的平原区。位于这些流域主要有齐齐哈尔市、哈尔滨市、铁岭市、盘锦市等城市。区内水资源分布不均匀,特别是在水资源与人口、经济发展,以及农业的匹配上尤为不协调。在人均地下水资源拥有量方面,最高的嫩江流域是最低的东辽河流域的 40 倍。在社会经济较为发达的辽东沿海、辽河中下游、第二松花江地区地下水人均拥有量都在 400 m^3 以下。

因此,东北地区地下水资源分布最明显的一个特点就是区域分配严重失调。按行政区域划分,吉林省地下水资源天然补给总量约 130 亿 m^3/a，绝大部分为淡水，分布在长白山地近60 亿m^3/a，西部松辽平原近 70 亿 m^3/a，而在这其中可开采量较少，为 90 亿 m^3/a左右。黑龙江省地下水天然补给总量 310 多亿 m^3/a，其中可开采量较多，约210 亿 m^3/a，深层承压水可开采量约 30 亿 m^3/a。辽宁省地下水天然补给量为 160 亿 m^3/a，其中，辽东、辽西、辽北丘陵山区天然补给量约 120 亿 m^3/a，地下水补给模数 10 万 $m^3/(a \cdot km^2)$；下辽河平原天然补给量约 50 亿 m^3/a，补给模数为 30 万 $m^3/(a \cdot km^2)$。由此可见，在辽宁，地下水天然资源分布不均匀，以下辽河平原最为丰富；在东北地区，地下水天然资源分布也不均匀，黑龙江省地下水资源可用量几近吉林、辽宁两省份之和。东北三省地下水资源分布大体情况如图 2.1 所示。

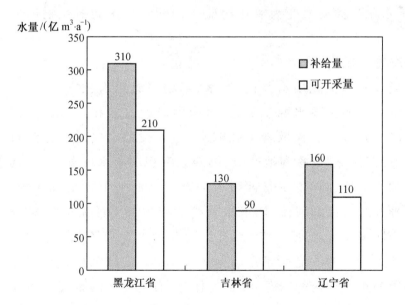

图 2.1　东北三省地下水资源分布大体情况

2.西南地区地下水资源分布

青海省地下水资源总量约 200 亿 m^3/a,但可开采利用的地下水资源不足 100 亿 m^3/a,且地下水资源的数量、质量及空间分布各有不同。相对来讲,东部、南部地下水资源较多,西部较少。东部地区潜水均属重碳酸盐型和重碳酸盐——硫酸盐型钙、镁和钙镁水,矿化度小于 0.5 g/L,pH 值多在 7.5~9.0,属弱碱性水。河谷平原地带大多属于重碳酸盐型和重碳酸盐——硫酸盐钠钙型水。柴达木盆地属封闭型盆地,环绕盆地呈现明显的水化学分带性。一般戈壁带巨厚层潜水,补给径流条件好,水化学于初期矿化阶段,矿化度小于 0.5 g/L;进入细土带下部,地下水变为微咸水至咸水,其水化学类型演变为氯化物硫酸盐钠镁型水和氯化物钠型水。

西藏地下水资源丰富,总量上千亿立方米。一些地方地下水资源已成为城镇工业用水、农业用水、草场灌溉用水、居民生活用水和牲畜用水的主要水源。藏北、藏南内流湖盆区和"一江三河"宽谷地段主要分布着松散岩类孔隙水,基岩裂隙水更是广泛分布在藏东"三江流域"及藏南地区,且第四纪沉积层潜水埋藏不深,具有开采利用价值。地下水是西藏大河补给水源的重要组成部分,无论哪种补给类型的河流,地下水补给量均占到年径流量的 22%以上。该区多年平均地下水天然补给资源量近 900 亿 m^3,其中矿化度小于 1 g/L 的占绝大部分,约 800 亿 m^3。但藏区也存在着地下水资源分布不均衡的问题,藏东南林芝、山南地区的雅鲁藏布江中下游及藏东南边境水系面积约占全区面积 13%,天然补给资源量约占全区总量的 43%;藏北内流湖区面积约占全区面积 49%,

天然补给资源量占全区总量不到 20％；藏东三江流域面积约占全区面积 14％，天然补给资源量占全区总量的 20％。藏西朗钦藏布、森格藏布流域面积约占全区面积 4％，天然补给资源量占全区总量的 1％。西藏各地区面积与地下水资源所占全区比例如图 2.2 所示。

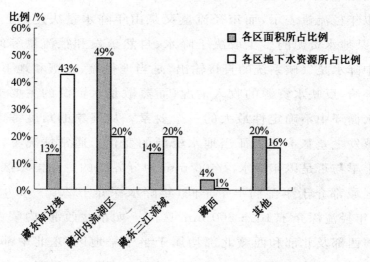

图 2.2　西藏各地区面积与地下水资源所占全区比例

2.3.2　寒区城市地表水资源分布状况及规律

地表水资源量是指河流、湖泊、冰川等地表水体逐年更新的动态水量，即当地区域天然河川径流量。城市地表水资源是城市整体水资源的主要组成部分，对于特殊区域，城市地表水资源占据着整体水资源的主体地位。虽然一些地区地表水资源形势较为严峻，主要表现在总量减少或质量恶化，但地表水资源对于区域内尤其是城市地区的经济社会发展举足轻重。地表水资源往往担负着城市给水的大部分任务;此外,地表水资源不但在供给水源方面作用巨大,其往往还是城市所产生污废水的天然受纳体。这是城市地表水资源区别于地下水资源的一个重要方面。

就全国范围内地表水资源分布而言,我国地表水资源东南多,西北少,由东南沿海向西北内陆递减。区域年地表水资源量可近似以年径流量表示,而年径流量又是由年降水量决定的。一般来说,某地水资源的多少取决于降水、自然蒸发和径流量等的变化。其中降水是气候系统的直接输出,是当地径流、土壤和地下水的主要补给,反映水资源的收入情况;而蒸散是水资源的主要支出,也是水循环中不确定性最大的一个要素。从气象的角度考虑,降水和蒸发之差基本能表征当地水资源的变化。通常情况下,一个地区干旱与否是以年降水深 400 mm 为分界线的。我国寒区内大部分区域都介于半湿润半干旱间,年降水深介于 200 ～800 mm 区间,年径流深介于 10 ～200 mm 区间。如东北西部、内蒙古北部、新疆西部及北部和西藏北部均属于半干旱地区;东北中部及东部及西藏东部属于半湿润地区。就时程分布而言,我国地表水资源的时程分布是极不均匀的,寒区亦是如此。区域地表水资源的时程分布主要是由降水季度(月份)决定。我国大部分寒区,如东北、西南地区降水量一般集中在每年的 6～9 月,正常年份其降水量约占年降水量的 70％ ～80％,而 12 月至次年 2 月,降水量却极少,气候干旱。

寒区径流的产生相比非寒区复杂。寒区汛期的径流主要是由降雨产生的,而进入漫长的冬季,径流主要是浅层与深层地下水的退水,这些水源仍是来自汛期流域的蓄存水量。但在融冻期径流的成分就复杂了,其中一部分来自降雨,另外可以来自积雪、冰的融化水量和一部分冻土层上的饱和或过饱和水量。从封冻起,土壤水分向冻层转移形成相对不透水层。但由于低温流域上的降水以固态形式出现,即使初期偶有液态降水(量比较小),也难以形成可观的径流过程,河网主要是退水过程。如果河道下切比较浅,流域不足够大,往往会出现断流或连底冻。融冻开始,存贮在流域上的各种固态水成分才开始变得活跃。初融时,冻土接近地表冻土层上的包气带厚度接近于零,此时蒸发能力仍很小,入渗能力最小,产流方式以饱和产流为主(蓄满)。一般一次降雨损失主要是流域的填洼和极少量的渗漏,大部分产流,而且可能还有部分融雪径流成分。随着气温上升,融冻层增厚,包气带厚度和蓄水容量增加,蒸发和入渗能力增加。土壤含水量消退系数和径流系数相应减小。在此期间,由于降水入渗和融冻释放水量聚集融冻锋面以上,土壤含水量充分,低洼地段还会出现冻层上水。产流方式兼有饱和产流、蓄满产流、融冻锋面以上的分层产流等方式。冻土完全融后,冻层上水向下转移,包气带厚度、相应蓄水容量、蒸发入渗能力、土壤含水量消退系数及径流系数与无冻期一致。无冻期多为主汛期,降水充分,地下水位上升,土壤含水量增加,产流方式以蓄满产流为主。

以我国东北地区及部分西南地区为例,分析寒区城市地表水资源分布状况及规律。

1. 东北地区地表水资源分布

东北地区地表水资源的补给来源主要是大气降水,该区多年平均降水总量约 6 300 亿 m³,折合平均年降水深为 512 mm 左右,小于我国多年平均年降水深 648 mm。东北地区具有明显的大陆性气候特点,为温带大陆性季风气候区。冬季严寒而漫长,夏季温湿而多雨,部分属寒温带气候。本区各省的汛期一般在 6～9 月,降雨量主要集中在 7～8 月,6～9 三个月降雨量往往占到全年降雨量的 70%～80%。丰水年与枯水年的水量变化也很大,河流丰、枯年的水量一般相差 4～6 倍,高的可达 10～20 倍。沈阳、长春及哈尔滨 2006 两年各月平均降水量如图 2.3 所示。

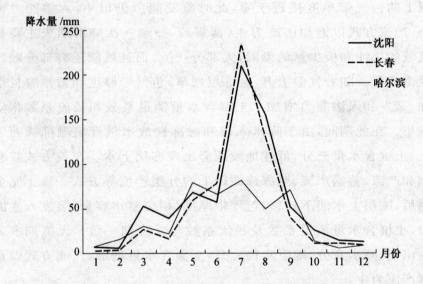

图 2.3 沈阳、长春及哈尔滨 2006 年各月平均降水量

东北地区的地表水资源同地下水资源一样,分布很不均匀(图 2.4)。按流域来讲,黑龙江流域(黑龙江省、吉林省及内蒙古自治区部分地区)水资源总量约 1 000 亿 m^3,而辽河流域包括辽宁、吉林及内蒙古部分地区只有不到 400 亿 m^3。

具体按行政划分来讲,辽宁省多年平均地表水资源约 320 亿 m^3/a,折算成径流深度为 223 mm,主要分布于五大流域,以辽河流

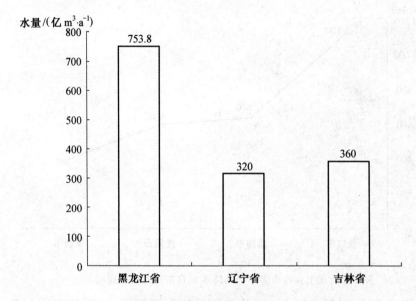

图 2.4 东北三省地表水资源分布情况

域、沿海诸河流域及鸭绿江流域为主。年径流深区域分布趋势与
年降水量的分布基本相应,分布的不均匀性比降水量更严重。全
省降水量自东南向西北递减,面临黄海的东南部地区城市如大连、
营口等市雨量充沛,多年平均降雨量 1 100 mm,而辽宁西北部城
市,如阜新市,多风沙干旱,降雨量少,多年平均降雨量仅为
400 mm,东部降水量是西部降水量的 2.8 倍,如图 2.5 所示。鸭
绿江下游年降水量是全省最高值区,年径流深度也是全省最高值
区,达 600~700 mm,往北部、中部逐渐减少。浑河、太子河上游,
多为 250~500 mm。辽东半岛沿海地区,由东向西递减,从
600 mm变化到 200 mm 左右。辽西沿海地区由南向北渐减,从
275 mm变化到 75 mm 左右。辽北地区及辽河上游老哈河地区,
年径流深度在 25~75 mm。辽宁省西北部与内蒙古自治区接壤

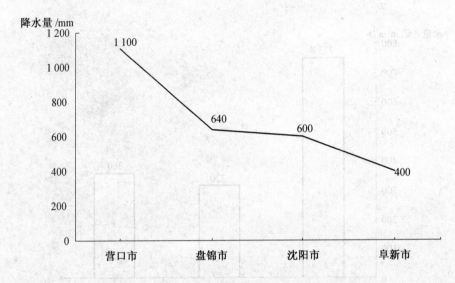

图 2.5 辽宁省各市多年平均降水量自东南向西北递减

处,年径流深度不足 25 mm。总之,地表水资源时空分布不均,径流地区分布是东部多于西部,沿海多于内陆,山地多于平原,年内分配相差悬殊,年变化大,有连续枯、丰交替发生,这与地区水文循环是相一致的。

吉林省地表水资源总量近 360 亿 m^3,人均水资源量少于 1 700 m^3,为用水紧张地区。水资源分布亦不均,总体上东部的地表水资源大于西部,东部水资源多为地表水;西部地表水贫乏,以地下水为主。河川径流方面,径流深度从南向北逐渐递减,从 600 mm 降至 10 mm,递减较快的是从吉林市以下径流深 250 mm 到长春市降至80 mm,长春市至镇赉县从 80 mm 降至 10 mm。从东向西径流深由珲春市 400 mm 降至双辽县 10 mm,其中从辽源市向西到双辽县由 130 mm 降至 10 mm,递减较快。从西南至东北也是递减,但递减幅度要小于南至北及东至西,由海龙县

400 mm降至敦化市220 mm。

黑龙江省多年平均降水量550 mm,多年平均径流量160 mm,折合水量753.8亿 m³/a,年平均每人有地表水量 2 510 m³,略低于全国平均水平,全省水量资源在地区上分布不平衡(图 2.6)。呼兰河流域和松嫩平原两区,耕地面积约占全省耕地面积的 60.7%,但水量资源仅占全省总水量资源的 12.8%;耕地面积为全省耕地面积 3.9%的大、小兴安岭山丘区,却占有全省总水量 43.4%。按行政区域比较,大庆市地表水资源量最少,年径流深仅为 5.0 mm,折合水量约 1 亿 m³,大兴安岭地区地表水资源最大,年径流深为258 mm,合水量近 110 亿 m³。从时间上看,全省水量资源丰枯变化很大,丰枯水年间之差异(最丰水年与最枯水年之水量比为 3.86～174 倍)。松花江哈尔滨水文站曾出现连续 9～12 年的枯水段。受太阳活动、大气环流的影响,松花江等江河年径流量普遍存在丰枯水交替变化的现象,丰枯水周期约为 30～40 年。如 2013 年,松花江流域发生流域性较大洪水,嫩江上游发生超 50 年一遇特大洪水,第二松花江上游发生超 20 年一遇大洪水,黑龙江中下游发生超 30 年一遇大洪水,导致嫩江下游、松花江干流、黑龙江干流水位持续上涨,最高水位超过警戒水位 1～3 m,持续时间超过 30 天。

2.西南地区地表水资源分布

青海省全省水资源总量 600 多亿 m³,其河流资源丰富,有主干、支流 276 条,其总长度为 119 万 km,年平均径流总量约630 亿 m³。而且境内湖泊与冰川较多,湖水面积在 1.0 km² 以上的天然湖泊有 262 个,总面积 12 929 km²,仅次于西藏自治区,居全国第二位,其中淡水湖 148 个,面积 2 623 km²,占 20.29 %。青

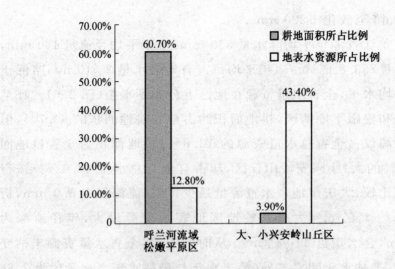

图 2.6　黑龙江省不同耕地区地表水资源分布情况

海境内的祁连山、昆仑山、唐古拉山等,海拔高度多在 5 000 m 以上,广泛分布着冰川,面积有 4 621 km^2,总储量 3 988 亿 m^3,见表 2.1。其中冰川融水量 35.84 亿 m^3,占青海水资源总量的 5.71%。但该省水资源利用量年均不到 30 亿 m^3,仅占全省水资源总量的 4%左右。青海大部分地区系干旱、半干旱地区,气候干燥,降水稀少,蒸发量大,单位产水量少、降水量少、蒸发量大。同东北寒区一样,青海寒区地表径流时空分配不均。年均降水量 285.6 mm,但地区变幅大,由冷湖的 17.6 mm 至久治的 767.0 mm,总的趋势是省境南北两地雨量较多,东部次之,西部最少。青海雨季为 6~9 月,这 4 个月期间降水量占年降水总量的 70%以上。在每年 10 月至次年 5 月长达 8 个月的枯水期,除少数由地下水补给的河流不受影响外,大多数河流的水量大幅度减少。

表 2.1　青海省地表水资源分布情况

冰川		湖泊		河流	
面积 /km²	水储量 /km³	面积 /km²	水储量 /亿 m³	流域面积大于 500 km²的河流 /条	径流总量 /亿 m³
4 621	3 988	12 929	2 244 （淡水 355）	271	630

　　西藏是我国水资源最丰富的省区之一,西藏的冰川、湖泊、河流拥有量都是我国最多的,其中冰川面积占全国冰川总面积的49%,估计冰川储量达 4 757 km²,折合水储量 4 282 km³;湖泊更是星罗棋布,总计湖泊面积 2.4 万 km²,占全国湖泊总面积的 30%以上,如果按平均湖泊深 20 m 计算,总储水量达 4 800 亿 m³;河流数量也是全国最多的省区之一,且河川径流量很大,区内流域面积大于 1 万 km²的河流有 20 余条,年平均径流总量约 4 482 亿 m³/a,占我国河川径流总量的 15.8%,年平均径流约 13 600 m³/s,见表2.2。西藏的河川径流分配不均,年际变化小。西藏区内降水量最多的月份多为 6~9 月,降水最多的月份是在 7、8 月,而降水在剩下的几个月均比较少,降水最少是在 11、12 月;少雨期与多雨期差异显著,降水最多的 7 月平均降水量大于 90 mm,同时夏季的融水补给量也最大,降水最少的 11 月降水量小于 10 mm,因此,多雨季与冰雪融化的协同作用和寒冷无融水且降水少的冬季共同加剧了河川径流年内分配的不均匀性。径流的年际变化小是西藏河流的一个突出特点。年径流历年最大值与历年最小值之比一般稳定在2~3,这在我国河流中是少见的。

表 2.2　西藏地表水资源分布情况表

冰川		湖泊		河流	
面积/ km²	水储量/ km³	面积/km²	水储量 /亿 m³	面积大于 1 万 km² 的河流/条	径流总量/ 亿 m³
28 600	4 282	24 000	4 800	20	4 500

　　从以上各寒区水资源分布及规律看出,高纬度的东北寒区,高海拔的西南寒区,在地表水资源及地下水资源方面,都存在着时空分布不均匀的现象。在地区城市的发展及规划时必须考虑水资源的时空分布特性,尤其是针对寒冷地区开展水资源可持续利用的有关研究,更要考虑寒区水资源的分布规律。

第 3 章　寒区城市水资源承载力评价指标体系的构建

　　水资源承载力评价指标体系是水资源承载力分析评价的主要内容,实现承载力协调程度和目标程度的评价,构建的指标体系应该能够比较系统地将水资源承载对象的内部关系表达出来,为合理有效利用水资源提供科学的依据及定量评价手段。

　　从某种意义上讲,水资源承载力信息在微观上的实践价值,在宏观层面上作为政策参数的价值,以及供研究人员利用的科研价值同等重要。现存的某些针对某一特定系统(如湿地、耕地、水等)建立的评价体系过于专业化,晦涩难懂,除专业人员外很少有人能够理解,在应用上也仅满足特定范围和特定人员的需求,应用方面受到了很大的限制。水资源承载力问题不仅是一个政策问题和学术问题,尽管需要科学研究的支持和有效的政策保障,它也是一个实践问题,有赖于广大社会公众的积极参与并进行富有责任感的行为选择,唯有如此,水资源承载力才能由概念转化为积极有效的行动。

3.1　水资源承载力评价指标体系的构建原则

水资源社会经济系统是一个由水资源子系统、社会子系统、经济子系统和生态环境子系统相互耦合而形成的复杂巨系统。因此水资源承载力评价指标的选择,要考虑一系列相互联系、相互制约的指标,组成科学的、完整的指标体系。

3.1.1　水资源承载力评价指标体系设计的指导思想

对水资源承载力评价指标体系的研究,大致可分为两类:一类是从传统的水资源供需平衡计算基础发展起来的对水资源承载力的评价;另一类是选择反映区域水资源承载力的主要影响因素指标,对这些因素进行综合,来进行区域水资源承载力评价。前者,能反映区域水资源的供需状况,但无法反映水资源系统、社会经济系统结构差异对区域水资源承载力的影响;后者是水资源承载力评价的相对指标,这也是目前国内学者研究的热点。但这一指标体系既不能反映区域水资源系统供需状况,也不能反映区域水资源承载能力大小的绝对指标。因此,水资源承载力指标体系的总体思路是从区域或流域水资源特征出发,借鉴国内外已有成果,建立具有实际操作意义的全面反映流域社会经济和生态环境协调发展的状况与进程、水资源可持续利用的状况与进程及其相互之间适应程度的指标体系与评价方法,科学地指导水资源规划与管理。具体来说,指标体系应能回答以下几方面的问题:

(1)按水资源承载力的定义与内涵,评价指标应体现水资源的承载状况,即供需平衡状况,以此判断是否超载。如果超载,应如何调整;如果不超载,其承载潜力大小如何,并能给出水资源系统承载的最大经济规模和人口规模。

(2)评价指标体系既要反映水资源系统的水资源数量与质量、可利用量、开发利用状况及其动态变化对水资源承载力的影响,又要反映被承载的社会、经济系统发展规模、结构及发展水平变化对承载力的影响。

(3)评价指标体系应反映水资源系统、社会系统、经济系统及生态环境系统之间的协调状况。

(4)不同区域间水资源承载力的大小应具有可比性。

鉴于水资源社会经济系统是一个复杂的巨系统,全面回答上述问题必须建立在对水资源的数量、质量及其动态变化的正确认识基础之上;必须建立在对区域社会、经济的规模、结构及发展态势的全面把握基础之上。

水资源承载力评价指标体系设计的趋向是建立能够同时描述水资源承载力的大小和状态的评价指标体系。设计水资源承载力评价指标体系的指导思想如下:

(1)反映水资源承载力的状态,刻画出水资源承载力处在何种水平或哪个等级,表达水资源承载力的大小,给出水资源系统承载的最大经济规模和人口规模。

(2)评价指标体系既能反映水资源系统的水资源数量与质量、可利用量、开发利用状况及其动态变化对水资源承载力的影响,又能反映被承载的社会、经济系统发展规模、结构及发展水平变化对承载力的影响,还能体现被承载的生态环境系统对水资源承载力的影响。

（3）评价指标体系应反映水资源系统、社会系统、经济系统及生态环境系统之间的和谐程度。

（4）评价指标体系必须建立在对水资源的数量、质量及其动态变化的正确认识，以及对社会、经济的规模、结构及发展态势的全面把握基础之上。

3.1.2　水资源承载力评价指标体系的构建原则

指标是统计指标的简称，它是一个统计学术语，指反映自然和社会现象总体数量特征的概念和具体数值。指标由指标名称和指标数值两部分组成，指标名称是对事物某些特征的概括与界定，表明所研究现象的科学概念，指标数值是根据指标名称所反映事物和现象的内容，通过调查收集有关数据，或通过统计并运用选定的运算方法进行计算而取得的数值。

一个复杂系统的各个组成要素之间按客观规律彼此联系、相互作用，用一个具体的指标很难反映整个系统的全部特征和规律，需要若干或一系列指标一起来表达，这一系列指标就构成指标体系。指标体系是由一系列相互联系、相互制约的指标组成的科学的、完整的总体。

指标体系所表达的事物特征是可以测量并能反映事物的内在性质和发展规律，但这种客观规律无法直接测量。可以根据对客观规律的理解构造某种理论模型或假说，把系统中某些能够直接测量的特征与无法直接测量的特征相联系，进而把握事物的发展变化。

指标体系是对水资源承载力进行准确评价、科学规划、定量考核和具体实施的依据。建立指标体系是一项科学、严谨、富有创造性的工作,因此确定指标的指导思想既要实事求是,又要与时俱进,勇于创新;既要借鉴国内外的指标,又要结合实际,因地制宜。建立指标体系绝不是众多指标的堆积,而是多项指标的有机综合、提炼、升华与创新,所选择的指标体系应能够客观、系统地反映水资源承载力的现状,并以此作为今后政府决策的科学依据。

评价对象的指标体系按照自身的功能可以分为:基础描述型指标体系,分析评价型指标体系,规划决策型指标体系。基础描述型指标是指根据客观事物的完整而系统的描述需要建立的;分析评价型指标是根据不同的要求,建立分析和评价模型;规划决策型指标是在分析评价的基础上做出规划、监督、预测和决策。三种不同的指标体系相互关联,是不可分割的有机整体。分析评价型指标体系是在描述型指标体系的基础上建立的,决策型指标体系是在描述、评价指标体系的基础上建立的。

对指标体系的研究最终要落实到具体的结构单元以及各单元之间可能的联系上,对每一项具体事物的研究要落实到具体指标上,利用各指标可被观测到的属性反映该系统某个方面的性质。水资源承载力的度量和评价是一个涉及构成和影响要素各个方面的连续的动态过程,尽管水资源承载力要求用明确、简化和量化的方法表示其结果,但采用一个或几个指标不足以分析和评价一个流域或区域的水资源对人口、资源、社会经济和生态环境承载能力问题,所以不仅需要建立具有鲜明特点的综合基础量化指标,还需要建立一个水资源承载力分类指标体系或简称水资源承载力指标体系去对其进行分析和评价。

水资源承载力指标体系是根据对水资源以及水资源与人口、社会经济和生态环境发展相互影响的客观规律的认识,在一定的统计资料的基础上,建立关于水资源承载力测度的指标体系,描述水资源承载力现状及其发展趋势,从而为协调人口、社会经济和生态环境之间关系,进行水资源合理配置,实现水利可持续发展和其他相关政策的制定提供科学依据。对于指标的筛选应遵循以下原则。

1. 系统性原则

系统性原则指标体系应该能够全面反映评价体系的综合情况,客观反映水资源承载力评价不同方面发展的状况和潜力,从中抓住主要矛盾,既能反映直接效果,又能反映间接效果,以保证评价的全面性和可信性。

2. 区域性原则

水环境承载力涉及的环境、资源以及社会经济条件均具有明显的地域差异,因而在衡量一个具体区域的环境承载力时,其评估指标应具有区域性。实际研究过程中以区域为主体进行的综合评价,选出最能反映该区域发展特征的指标,除用于行政区域以外,也可用于自然流域。

3. 科学性原则

科学性原则指标体系要建立在科学理论的基础上,具体指标能客观、真实地反映水环境发展状态,各子系统和影响因素之间的相互联系,以及水环境承载力的内在机制。同时,每个指标的概念及物理意义必须明确,数据来源准确,评价方法科学,保证评价结果的真实性与客观性。

4. 整体性与相对独立性原则

水环境承载力应以研究区域为评价主体进行综合评价,其指标体系既要反映人口、社会、经济、生态、环境、资源等系统的发展状况,又要反映上述各系统之间的相互协调程度。同时,各指标之间应尽量保持一定的独立性,避免信息量的重复,使每一个指标都具有代表性和典型性。可以运用现代统计方法对指标进行筛选。

5. 动态性原则

一定区域的水环境承载力会随历史发展阶段的不同而不同,具有动态性特征。因此其评价指标体系的确定也必须反映出这种动态变化,即指标体系要反映系统的发展状态和发展过程,以便能够对系统的发展作出长期预测与管理。

6. 定量性原则

水环境承载力是用以衡量人类社会经济活动、水资源供求关系以及水环境污染状况三者之间复合关系的量值,因此指标体系的筛选应尽量选择可量化性指标,从而定量地反映出社会经济活动究竟是超出了水环境的承受能力,还是发展不充分。

7. 可操作性原则

要充分考虑数据的可获得性和指标量化的难易程度,同时指标应具有较强的可测性和可比性,尽量选择那些具有代表性的综合指标,全面反映水资源承载力评价的内涵,指标数据及资料要尽可能选用国际上权威性的统计出版物和国家、地区的统计年鉴,尽可能采取国际上通用的名称、概念与计算方法,便于与其他国家相似地区或国内相似地区进行比较,更好地为决策服务。

8.层次性原则

应根据评价所需要的详尽程度将指标体系本身分解成相互关联的几个层次,并在此基础上将指标分类。使指标体系结构清晰、层次分明、便于使用,全面反映其功能状态、发展能力和水平。

建立水资源承载力评价指标体系,除了要遵循建立指标体系的一般基本原则外,如目的性原则、系统性和重要性相结合的原则、科学性与现实性相结合的原则、实用性和可行性相结合的原则、客观指标与主观指标相结合的原则等,还要遵循平民化原则,也就是说要让水资源承载力指标体系生成的水资源承载力信息,成为广大社会公众日常生活的一部分,而不仅是决策者、研究者可以利用的重要信息。要把水资源承载力信息与公众的生产活动、消费活动结合起来,让社会公众理解、关注并自觉运用水资源承载力信息来进行行为判断、行为选择和行为调整。

综上,指标体系的内容在一定时期内要保持相对稳定,既能在时间上保证目标的预测性,又能在空间上进行宏观总体控制,以适应不同时期研究区域发展的特点。

3.2 水资源承载力评价指标体系的常用方法

为了对被评价事物得出一个全面的整体性评价,需要把反映该事物各方面的指标综合在一起。在综合时,由于事物本身发展的不平衡性,有的指标在综合水平形成中的作用大些,有的则小些,这就需要加权处理。水资源承载力评价作为多指标综合评价方法的一种应用,其权数的设置涉及多指标综合评价赋权方法的适用性问题。水资源承载力评价的系统多样性要求定性与定量相结合地确定权数。从理论上讲,水资源承载力评价属于可持续发展的领域,不可能存在一个标准化系统模式,人们对水资源承载力评价的认识必然要有主观成分在里面。水资源承载力评价涉及非常复杂的系统结构,以层级架构方式出现,参与主观赋权的专家不可能对庞大的指标体系直接打分,必须要运用一些定量的数学处理方法,得到具体的权数。

3.2.1　层次分析法

层次分析法能将复杂问题中的各种因素通过划分为相互联系的有序层次使之条理化,并能将数据、专家意见和分析者的客观判断直接而有效地结合起来。其基本原理是:将一个复杂问题看成一个系统,根据系统内部因素之间的隶属关系,将一个复杂问题的各种要素转化为有条理的有序层次,并以同一层次的各种要素按照上一层要素为准则,构造判断矩阵,进行两两判断比较,计算出各要素的权重。根据综合权重按最大权重原则确定最优方案,进而得到方案或目标相对重要性的定量化描述。它是在简单加性加权法的基础上推导得出的。Aupetita 等在 Saaty 的研究基础上,进一步完善了对判断矩阵进行一致性检验的问题。

1. 建立系统结构层次模型

根据频度统计法、理论分析法和专家咨询法的综合结果,遵循科学性、可表征性、可度量性以及可操作性的原则,建立水资源承载力评价指标体系。

2. 构造判断矩阵

在每一层次上,对该层指标进行逐对比较,按照规定的标度方法定量化,写出数值判断矩阵。标度及其描述见表 3.1。

表 3.1   标度及其描述

标度	定义(比较因素 i 与 j)
1	因素 i 与 j 同等重要
3	因素 i 比 j 稍微重要
5	因素 i 比 j 较强重要
7	因素 i 比 j 强烈重要
9	因素 i 比 j 绝对重要
2,4,6,8	两相邻判断的中间值
倒数	当比较因素 j 与 i 时,得到的判断值为 $C_{ji} = 1/C_{ij}$,$C_{ii} = 1$

利用方根法计算判断矩阵的最大特征值和特征向量。

a. 计算判断矩阵 C 每行元素乘积的 n 次方根:

$$W'_i = \sqrt[n]{\prod_{j=1}^{n} C_{ij}} \ , i = 1, 2, \cdots, n \qquad (3.1)$$

b. 对向量 $W'_i = (W'_1, W'_2, \cdots, W'_n)^{\mathrm{T}}$ 作正规化、归一化处理:

$$W_i = \frac{W'_i}{\sum_{i=1}^{n} W'_i} \qquad (3.2)$$

则 $W = (W_1, W_2, \cdots, W_n)^{\mathrm{T}}$ 为所求的对应最大特征值的特征向量。

c. 求最大特征值：

$$\lambda_{max} = \sum_{i=1}^{n} \frac{(\boldsymbol{C} \cdot \boldsymbol{W})_i}{n \cdot \boldsymbol{W}_i} \tag{3.3}$$

3. 层次单排序的一致性检验

根据专家构造的判断矩阵，计算对于上一层某因子而言，本层次与之有联系的所有因素的权重。

a. 为度量判断矩阵偏离一致性的程度，引入判断矩阵最大特征值以外的其余特征根的负平均值 CI，计算 $CI = \frac{\lambda_{max} - n}{n-1}$。当判断矩阵具有完全一致性时，$CI = 0$。$\lambda_{max} - n$ 越大，CI 越大，矩阵的一致性越差。

b. 为度量不同判断矩阵是否有满意的一致性，引进平均随机一致性指标 RI。RI 值见表 3.2。

表 3.2　平均随机一致性指标 RI

矩阵阶数	1	2	3	4	5	6	7	8	9
RI	0	0	0.58	0.90	1.12	1.24	1.32	1.41	1.45

计算随机一致性比率 $CR = \frac{CI}{RI}$，当 $CR < 0.10$ 时，认为矩阵具有满意的一致性，否则要将问卷反馈给专家，重新构造判断矩阵，直到具有满意的一致性为止。

4. 层次总排序的一致性检验

层次总排序的一致性检验，即利用同一层次中所有层次单排序的结果，以及上层次中所有元素的权重，来计算针对总目标而言,本层次所有因素权重值的过程。

层次总排序一致性比率为

$$CR = \frac{\sum\limits_{i=1}^{m} a_i CI_i}{\sum\limits_{i=1}^{m} a_i RI_i} \qquad (3.4)$$

当 $CR < 0.10$ 时,认为层次总排序结果是满意的。

表 3.3　同阶层次总排序权重的计算

层次 A	A_1	A_2	⋯	A_m	B 层总排序
层次 B	a_1	a_2	⋯	a_m	权重
B_1	b_{11}	b_{12}	⋯	b_{1m}	$\sum\limits_{i=1}^{m} a_i B_{1i}$
B_2	b_{21}	b_{22}	⋯	b_{2m}	$\sum\limits_{i=1}^{m} a_i B_{2i}$
⋮	⋮	⋮	⋮	⋮	⋮
B_n	b_{n1}	b_{n2}	⋯	b_{nm}	$\sum\limits_{i=1}^{m} a_i B_{ni}$

3.2.2　主成分分析法

主成分分析法是霍特林 1933 年首次提出的,它是利用降维的思想,通过研究指标体系的内在结构关系,把多指标转化成少数几个互相独立而且包含原有指标大部分信息(80% ～ 85% 以上)综合指标的多元统计方法,其优点是它确定的权数是基于数据分析而得到的指标之间的内在结构关系,不受主观因素的影响,而且得到的综合指标(主成分)之间彼此独立,减少信息的交叉,这使分析评价结果具有客观性和可确定性。

主成分分析法是将多个指标转化为少数几个相互独立，并由原来多个单项指标的线性组合来表示的综合指标（主成分）的一种多元统计方法。

主成分分析方法的基本步骤如下。

（1）数据的标准化处理：

$$y_{ij} = \frac{x_{ij} - x_j}{S_j}, \quad i = 1, 2, \cdots, I; j = 1, 2, \cdots, J$$

式中　　x_{ij}——第 i 分区第 j 个指标的值；

x_j, S_j——第 j 个指标的样本均值和样本标准差。

（2）将各变量 x_j 标准化，即对同一变量减去其均值再除以标准差，以消除量纲影响，得到标准化后的矩阵仍记为 $\boldsymbol{X} = (x_{ij})$。

（3）根据标准化后的矩阵 $\boldsymbol{X} = (x_{ij})$ 计算相关系数矩阵 $\boldsymbol{R}$，其中

$$r_{ij} = \sum_{k=1}^{n} x_{ki} \frac{x_{kj}^*}{n-1}, \quad i, j = 1, 2, \cdots, p$$

（4）求相关系数矩阵 $\boldsymbol{R}$ 的特征值 $\lambda_1 \geqslant \lambda_2 \geqslant \lambda_3 \geqslant \Lambda \geqslant \lambda_p > 0$ 及对应的单位特征向量 $u_i(u_{1i}, u_{2i}, \Lambda, u_{pi})'$，它们标准正交，其中每一特征值 λ_i 为对应综合因子 F_i 的方差 $d_i = \lambda_i / \sum_{k=1}^{p} \lambda_k$ 称为方差贡献率，反映综合因子 F_i 所含信息量的大小，与 K_i 相应的特征向量构成综合因子的系数，即 $F_i = \sum_{i=1}^{p} u_{ki} x_k$。在实际评价时，一般取前 m 个综合因子，m 的确定根据累积方差贡献率 $d = \sum_{i=1}^{m} d_i$ 达到足够大的值（一般取 85%）为原则。

（5）计算综合因子得分并进行综合评价。将各待评样本的标准化数据分别代入因子得分函数表达式中，算得因子得分 F_i，以方

差贡献率 d_i 为权数求和得到样本的综合得分 $y = \sum_{i=1}^{m} d_i y_i$，根据各样本的综合得分值进行综合评价。

该方法充分保留了原指标的有用信息，又使新指标间各不相关，避免信息的交叉和重叠，同时客观地确定主成分的权重，避免主观随意性，选择主成分时舍弃一小部分信息，使原始数据信息的利用率达 85% 以上，从而可将一个多指标问题综合成一个单指标形式。

3.2.3　投影寻踪法

投影寻踪法用于水资源承载力综合评价较为新颖，是一种处理多因素复杂问题的统计方法。其基本思路是将高维数据投影到低维(一般为一维)空间后，用低维空间中投影散点的分布结构揭示高维数据的结构特性。它根据数据群自身的特征和信息进行评价分析，是将多元数据的信息压缩为一个能反映原问题特征的综合信息指标，并根据此特征信息对水资源承载力进行综合分析。该方法无需预先给定各评价因素的权重，避免了人为任意性，同时具有直观和可操作性强的优点。投影寻踪法用于水资源承载力的综合评价，已开始得到应用。

3.2.4　模糊综合评判法

模糊综合评判法是在对影响水资源承载能力的各个因素进行单因素评价基础上，通过综合评判矩阵对其承载能力作出多因素综合评价。其模型为：设给定两个有限论域 $U = \{u_1, u_2, \Lambda, u_m\}$，$V = \{v_1, v_2, \Lambda, v_n\}$，其中 U 代表综合评判的因素所组成的集合，V 代表评语所组成的集合,则模糊综合评判基表示为下列模糊变换:$B = A \times R$,式中 A 为模糊权向量,可表示为 $A = \{a_1, a_2, \Lambda, a_m\}$, $0 \leqslant a_i \leqslant 1$, a_i 即为 u_i 对 A 的隶属度,表示单因素 u_i 在总评定因素中所起作用大小的变量,即各评价因素(指标)的相对重要程度;而评判结果 B 则是 V 上的模糊子集,可表示为 $B = \{b_1, b_2, \Lambda, b_n\}$, $0 \leqslant b_j \leqslant 1$, b_j 为等级 v_j 对综合评定所得模糊子集 B 的隶属度,表示综合评判的结果。

评判矩阵

$$R = \begin{cases} r_{11} & r_{12} & \Lambda & r_{1n} \\ r_{21} & r_{22} & \Lambda & r_{2n} \\ \Lambda & \Lambda & r_{ij} & \Lambda \\ r_{m1} & r_{m2} & \Lambda & r_{mn} \end{cases}$$

式中　　r_{ij}——某个被评价对象从因素 u_i 来看对等级 v_j 的隶属度。

因而矩阵 R 中第 i 行 $R_i = \{r_{i_1}, r_{i_2}, \cdots, r_{i_n}\}$ 即为对第 i 个因素 u_i 的单因素评判结果。

3.2.5　密切值法

密切值法是多目标决策的一种方法,目前在环境质量评价中得到广泛应用,其基本思想是:补选决策方案及其技术经济指标,找出关于方案集(决策点集)的最优点,然后找出尽可能接近最优点而远离最劣点的决策点,便是寻找的满意方案。有关步骤简述如下:

1.建立指标(目标)矩阵

设某一多目标决策问题有几个目标(指标等)$G_1, G_2, \cdots, G_n$,拟

定了 m 个决策方案 $A_1, A_2, \cdots, A_m$,方案 $A_i (i = 1, 2, \cdots, m)$ 在目标 $G_j (j = 1, 2, \cdots, n)$ 下取值为 a_{ij},数据 a_{ij} 组成指标矩阵 $\mathbf{A}$:

$$
\mathbf{A} = \begin{array}{c} \\ A_1 \\ A_2 \\ \vdots \\ A_m \end{array} \begin{matrix} G_1 & G_2 & \cdots & G_n \\ \begin{bmatrix} r_{11} & r_{12} & \cdots & r_{1n} \\ r_{21} & r_{22} & \cdots & r_{2n} \\ \vdots & \vdots & r_{ij} & \vdots \\ r_{m1} & r_{m2} & \cdots & r_{mn} \end{bmatrix} \end{matrix} = (a_{ij})_{m \times n}
$$

2. 建立规范化指标矩阵

目标有正向(数值越大越好)和逆向(数值越小越好)之分,且量纲各不相同,为便于分析比较,将逆向目标化为正向目标,将有量纲数值化为无量纲数值。令:

$$
b_{ij} = \begin{cases} a_{ij}, & G_j \ 为正向指标 \\ -a_{ij}, & G_j \ 为负向指标 \end{cases} \tag{3.5}
$$

$$
r_{ij} = b_{ij} \Big/ \Big(\sum_{i=1}^{m} b_{ij}^2 \Big)^{1/2}, i = 1, 2, \cdots, m; j = 1, 2, \cdots, n \tag{3.6}
$$

式中　　b_{ij} —— 正向指标数值;

　　　　r_{ij} —— 无量纲指标数值。

由式(3.5)可得数值化矩阵 $\mathbf{B}$:

$$
\mathbf{B} = \begin{array}{c} \\ A_1 \\ A_2 \\ \vdots \\ A_m \end{array} \begin{matrix} G_1 & G_2 & \cdots & G_n \\ \begin{bmatrix} b_{11} & b_{12} & \cdots & b_{1n} \\ b_{21} & b_{22} & \cdots & b_{2n} \\ \vdots & \vdots & b_{ij} & \vdots \\ b_{m1} & b_{m2} & \cdots & b_{mn} \end{bmatrix} \end{matrix} = (b_{ij})_{m \times n}
$$

正负转换的根本原则是由指标 G_j 的物理意义决定的,G_j 为正向指标时,指标数值越大,评价结果越好;G_j 为逆向指标时,指标数值越大,评价结果越差。

引入负号的意义在于保持矩阵 **A** 与 **B** 的评价结果一致,又使矩阵 **B** 失去原有的物理意义。由式(3.6)可得规范化指标矩阵 **R**:这里 $A_i = (r_{i_1}, r_{i_2}, \cdots, r_{i_n})$, $i = 1, 2, \cdots, m$,称为一个决策点。

$$R = \begin{matrix} & G_1 & G_2 & \cdots & G_n \\ A_1 \\ A_2 \\ \vdots \\ A_m \end{matrix} \begin{cases} r_{11} & r_{12} & \cdots & r_{1n} \\ r_{21} & r_{22} & \cdots & r_{2n} \\ \vdots & \vdots & r_{ij} & \vdots \\ r_{m1} & r_{m2} & \cdots & r_{mn} \end{cases} = (r_{ij})_{m \times n}$$

3. 求决策点集(方案集)的最优点和最劣点

"最优点"和"最劣点"分别为所有决策点集各评价指标的极端情况(最好或最差)虚拟点的集合,求出各决策点集与这些虚拟的最优、最劣点的距离,即可为方案的综合评价提供一个定量的依据。

最优点的选择原则为

$$\max_{1 \leqslant i \leqslant m} \{r_{ij}\} = r_j^+, j = 1, 2, \cdots, n$$

则相对于决策点 $A_i(i = 1, 2, \cdots, m)$ 的最优点 $A^+ = (r_1^+, r_2^+, \cdots, r_n^+)$。

同理,最劣点的选择原则为

$$\min_{1 \leqslant i \leqslant m} \{r_{ij}\} = r_j^-, j = 1, 2, \cdots, n$$

则相对于决策点 $A_i(i = 1, 2, \cdots, m)$ 的最劣点 $A^- = (r_1^-, r_2^-, \cdots, r_n^-)$。

4. 求各决策点（方案）密切值 C_i

计算公式为

$$C_i = d_i^+/d^+ - d_i^-/d^-,\ i=1,2,\cdots,m$$

式中　C_i——密切值，反映决策点（方案）A_i 接近最优点 A^+ 而远离最劣点 A^- 的程度，因而称 C_i 为决策点（方案）A_i 的密切值。d_i^+ 与 d_i^- 分别表示决策点 A_i 与 A^+、A^- 之间的欧氏距离，d_i^+ 与 d_i^- 分别表示 m 个"最优点距"的最小值和 m 个"最劣点距"的最大值。

d_i^+,d^+,d_i^-,d^- 由下列公式给出：

$$d_i^+ = \left(\sum_{j=1}^n W_j^2\ (r_{ij}-r_j^+)^2\right)^{1/2}$$

$$d_i^- = \left(\sum_{j=1}^n W_j^2\ (r_{ij}-r_j^-)^2\right)^{1/2}$$

$$d^+ = \min_{1\leqslant i\leqslant m}\{d_i^+\}$$

$$d^- = \max_{1\leqslant i\leqslant m}\{d_i^-\}$$

式中　W_j——第 j 个指标的权重。

注：关于权重的分析有不同的考虑方式，有的在此没有考虑权重，权重的考虑方式也有不同，有的不用平方，有的用平方，有的在规范化指标矩阵 $\mathbf{R}$ 中考虑权重。

5. 根据 C_i 的大小排序，C_i 最小的方案即是最满意方案

一般，$d^+\neq 0,d^-\neq 0$；又 $d^+\leqslant d_i^+,d^-\geqslant d_i^-$；故 $d_i^+/d^+\geqslant 1$，$d_i^-/d^-\leqslant 1$；因此 $C_i\geqslant 0$。当 $d^+=d_i^+$ 且 $d^-=d_i^-$ 时，$C_i=0$，这时点 A_i 最接近最优点；当 $C_i>0$ 时，A_i 离最优点 C_i 值越大，A_i 越偏离最优

点。可见,根据方案的密切值 C_i 的大小进行优劣排序,最小的 C_i 值所对应的方案 A_i 即为最满意方案。

3.2.6　灰色关联理论

灰色系统理论中的关联度分析法是一种新的因素分析方法,是对运行机制与物理原型不清晰或者根本缺乏物理原型的灰色关系序列化、模型化,进而建立灰关联分析模型,通过对系统统计数列几何关系的比较来分析系统中多因素间的关联程度,即认为刻划因素的时间变量之间所表示的曲线的几何形状越接近,则因素发展变化态势越接近,因而它们之间的关联程度就越大,这一理论已经得到了广泛的应用。

计算灰色关联度和权重的主要步骤如下:

(1) 收集整理原始数据,建立灰关联集。

设 $X = \{x_0, x_1, \cdots, x_m\}$ 为因子集,其中,x_0 为参考序列,x_i 为比较序列,$x_0(k)$ 与 $x_i(k)$ 分别为 x_0 与 x_i 在第 k 个点的数值。

(2) 求各数据序列的初值或进行无量纲初始化处理。

$$\overline{x_i} = \frac{1}{m} \sum_{i=1}^{m} x_i(k) \tag{3.7}$$

$$x'_i(k) = \frac{x_i(k)}{\overline{x_i}} \tag{3.8}$$

式中　$\overline{x_i}$ —— 各序列中第 k 个点 $x_i(k)$ 的平均值;

　　$x'_i(k)$ —— $x_i(k)$ 初始化处理后得到的无量纲值。

(3) 求各点的绝对差值。

$$\Delta_i(k) = |x'_0(k) - x'_i(k)| \tag{3.9}$$

$$\Delta_i = (\Delta_i(1), \Delta_i(2), \cdots, \Delta_i(n)), i = 1, 2, \cdots, m \tag{3.10}$$

（4）求两极最大差与最小差，记两极最大值为：$\Delta_{\max} = \max\limits_{i}$ $\max\limits_{k} \Delta_i(k)$，两极最小值为

$$\Delta_{\min} = \min\limits_{i} \min\limits_{k} \Delta_i(k)$$

（5）利用公式计算比较序列相对于参考序列的关联系数 γ。

$$\gamma_{0i}(k) = \frac{\Delta_{\min} + \rho\Delta_{\max}}{\Delta_i(k) + \rho\Delta_{\max}} \qquad (3.11)$$

式中　　ρ——分辨系数，取值范围为 $0 < \rho < 1$，通常取 0.5。它是为了削弱最大绝对差值因过大而失真的影响，以提高关联系数之间的差异显著性而给定的系数。

（6）计算关联度。

$$\gamma_{0k} = \frac{1}{m} \sum_{i=1}^{m} \gamma_{0i}(k)，k = 1,2,\cdots,n \qquad (3.12)$$

引入灰色系统理论中的关联度分析法，其目的就是要在影响某参考数列 x_0 的诸多因素中找出主要因素，也就是按对 x_0 的影响程度大小对 $x_i(i=1,2,\cdots,n)$ 进行排序。

（7）对计算得到的各因素关联度进行归一化，利用公式（3.13）求出各因素在评估系统中所占的权重。

$$\gamma_j = \frac{\gamma_k}{\sum\limits_{k=1}^{n} \gamma_k} \qquad (3.13)$$

3.3　水资源承载力评价指标体系的构建

构建完善的指标体系是客观、准确评价的重要基础，评价指标的选择应遵循科学性、代表性、可操作性的原则，同时要充分考虑

系统的动态变化,综合反映研究区域的现状特点和发展趋势,以便于对系统的发展做出长期预测与管理。选取指标体系是对水资源承载力进行准确评价、科学规划、定量考核的重要依据。借鉴国内外研究确定的指标,因地制宜地确定指标体系,结合寒区城市水资源实际特点,因地制宜地确定指标体系。

影响城市水资源承载能力的因素很多,涉及水资源与水环境系统的各个方面,因此,综合评判指标体系的确定要求能从不同方面、不同角度、不同层面客观地反映水资源条件、供需关系以及水环境污染状况等。据此,在全面分析水资源承载能力各影响因素的基础上,参照相关文献及统计数据,建立水资源评价指标体系,分解一个复杂的系统,确定系统内部所有因素的相对权重,为制定相关的决策提供科学依据。

根据频度统计法、理论分析法和专家咨询法的综合结果,遵循科学性、可表征性、可度量性以及可操作性的原则,按照上述指标选取的方法和注意事项,建立水资源承载力评价指标体系,以水资源承载力为总目标,根据具体情况进一步筛选指标。利用这些指标,确定并描述水资源承载力的状态与水平,丰富水资源承载力评价模型和方法。

本书所选择的寒区水资源承载力指标,是在阅研大量国内外相关研究的基础上,采用频度统计法、理论分析法和专家咨询法,综合寒区城市的实际情况共同确定的,满足指标选择的完备性和针对性原则,以图 3.1 为例,列出表达水资源承载力的评价指标,其中各子系统中详细指标可以根据具体研究对象,进行替代或补充,详见第 5 章及第 6 章案例分析部分。频度统计法主要是对目前有关可持续发展、水资源承载力评价、可持续发展评价研究的报告、论文等资料进行频度统计,选择研究中使用频度较高的指标;理论分析法主要是对可持续发展、水资源承载力的内涵、特征、基本要素、主要问题等方面进行分析、比较、综合,选择重要的发展条件和针对性强的指标;专家咨询法是在初步提出评价指标的基础上,进一步征询有关权威专家的意见,对指标进行筛选、调整。所选择的指标体系具有较好的代表性,能够科学、合理地反映出研究区域的水资源承载力阶段现状,从而客观、系统地分析水资源承载力的现状与水平,并以此作为今后政府决策的科学依据。

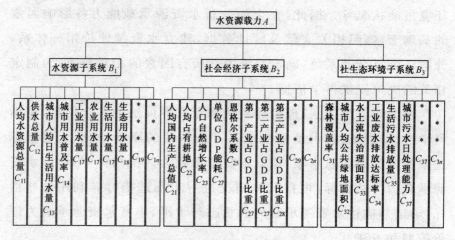

图 3.1　水资源承载力评价指标体系

3.4　水资源承载力定量计算

水资源承载力指标体系构建的目的是要用各指标值对水资源承载力进行评价。评价方法可以利用公式进行计算,也可以通过与各指标的标准值或极值等特殊值来进行比较,从而对某一地区的水资源承载力做出评价。但无论是哪种方法,其实质都是利用各种计算和分析手段对水资源承载力进行量化研究。一般来说,水资源承载力指标与经济开发活动、环境质量之间的数量关系本身很复杂,确定起来很困难。另外,所选取的指标不仅与人类的经济活动有关,还可能受许多偶然因素的影响。这些都给水资源承载力的量化带来一定困难。

近几年来,我国学者通过对水资源承载力的一系列研究,获得了较大进展和一定成果,对水资源承载力的量化评价方法多是从水资源系统评价或生态和环境评价方法中改进移植而来。归纳起来主要有类比分析法、指数法、灰关联分析方法以及模糊综合评判法等,其中指数评价法是目前环境承载力量化评价中应用较多的一种方法。该方法根据各项评价指标的具体数值,应用统计学方法或其他数学方法计算出综合环境承载力指数,进而对环境承载力进行评价。用于计算环境承载力指数的方法有向量模法、模糊评价法等。

如前所述,模糊综合评价法的不足在于模型本身,其取大取小的运算法会遗失某些有用信息,且评价因素越多,遗失的信息就越多,信息利用率就越低,误判的可能性也就越大。而向量模法虽简单易行,但在给各项指标赋权重时,一般采用均权数法或者人为方法,从而使结果受人为因素影响严重。本文利用灰色关联分析法确定指标权重,客观真实地反映了各影响因素对水资源承载力的重要程度,正好弥补了向量模法受主观因素影响的不足。因此,本文采用向量模法来量化评价水环境承载。

设在一定规划期内(如现状水平年、近期、远景)有 m 个用于提高水资源承载力的方案,那么对应于这些方案就有 m 个水资源承载力。不妨假设这 m 个水资源承载力为 $B_j(j=1,2,\cdots,m)$,再设每个水资源承载力由 n 个具体指标确定的分量组成,即

$$B_{ij}=[B_{1j},B_{2j},\cdots,B_{nj}] \qquad (3.14)$$

由于水资源承载力各个分量的量纲不同,必须对其进行归一化处理后才能进行比较。则经过归一化处理后得到

$$\overline{B_{ij}}=[\overline{B_{1j}},\overline{B_{2j}},\cdots,\overline{B_{nj}}] \qquad (3.15)$$

其中

$$\overline{B_{ij}}=B_{ij}/\sum_{j=1}^{m}B_{ji} \qquad (3.16)$$

将各项指标的权重考虑其中,则水环境承载能力的大小可以用归一化后的矢量模来表示,即

$$\overline{|B_{ij}|}=\sqrt{\sum_{j=1}^{m}(\overline{B_{ij}}W_{ij})^2} \qquad (3.17)$$

式中 W_{ij}——第 j 个水资源承载力中第 i 个指标的权重。

本研究所选择的指标体系具有较好的代表性,能够科学、合理地反映出研究区域的水资源承载力阶段现状,从而客观、系统地分析水资源承载力的现状与水平,并以此作为今后政府决策的科学依据。

第4章 寒区城市水资源承载力模型

目前,我国关于水资源承载力评价定性研究的成果较多,但针对水资源承载力计算模型的构建及定量计算评价等的研究比较有限,限制了水资源承载力研究的规范性与系统性。针对寒区水资源的特点,本章介绍城市水资源承载力的建模方法,为科学核算水资源承载状态奠定了坚实基础。

4.1 系统动力学模型

系统动力学(System Dynamics,SD)是美国麻省理工学院Jay. W. Forrester 教授于 1956 年创立的,早期主要应用在工业企业管理,解决如生产与雇员情况的波动、市场股票与市场增长的不稳定性等问题。因此,当时也称为工业动力学。它综合应用控制论、信息论和决策论等有关理论和方法,建立系统动力学模型,以电子计算机为工具,进行仿真实验,所获得的信息用来分析和研究系统的结构和行为,为正确决策提供科学依据,是研究复杂大系统运动规律的理想方法。系统动力学把系统的行为模式看成是由系统内部的信息反馈机制决定的,通过建立系统动力学模型,可以研究系统的结构、功能和行为之间的动态关系,以便寻求较优的系统结构和功能。系统动力学模型可作为实际系统,特别是社会、经济、生态复杂大系统的"实验室",模型的主要功用在于向人们提供一个进行学习与政策分析的工具。

系统动力学是系统科学和管理科学的分支,是一门沟通自然科学和社会科学等领域的横向学科。借助 SD 模型既可以进行时间上的动态分析,又可以进行部门间的协调,它能对系统内部、系统内外因素的互相关系予以明确的认识,对系统内所隐含的反馈回路予以清晰的体现。SD 模型通过设定系统各种控制因素,以观测输入的控制因素变化时系统的行为和发展,从而能对系统进行动态仿真实验。它以现实存在的系统为前提,根据历史数据、时间经验和系统内在的机制关系建立动态仿真模型,对各种影响因素可能引起的系统变化进行试验,从而寻求改善系统行为的机会和途径。SD 在研究处理复杂系统问题的过程中,采用定性与定量相结合的方法,以定性分析为先导,定量分析为支持。这种"定性—定量—定性"、螺旋上升、逐渐深化推进的方法,将系统的整体思考与分析、综合与推理融为一体,充分体现了系统动力学的核心思想,即系统的辩证唯物主义观点。

自 Forrester 关于 SD 方法的报告问世以来,系统动力学的理论、方法、应用工具等,都随着时间的推移逐步得到了完善。由于其在复杂性、突现性、多变性、动态性、反直观性系统问题的处理上具有独特的优势,因此,SD 方法在处理生态、环境、经济、金融、能源、工业、农业、管理等多种人类社会系统复杂问题方面发挥了不可或缺的重要作用。我国学者于 20 世纪 80 年代初开始在国内传播和推广 SD 方法。系统动力学主要研究领域见表 4.1。

表 4.1　系统动力学应用领域

大类	细　分
组织规划及策略设计	组织/企业管理、研发制造、生产运营、服务管理、金融证券、地产建筑、物流 SCM、软件工程、项目管理、组织绩效、创新管理、信息通讯、人力资源等
社会公共管理决策	经济、人口、就业失业、政府工作、教育教学、社会福利保障、法律诉讼、公共安全、交通运输、心理及犯罪、突发灾难/事件、国防军事等
生物及医学	生物工程、疾病瘟疫、医疗卫生等
环境与资源	生态环境、农林畜牧、水土资源、矿藏能源等

4.1.1　系统动力学原理

用系统动力学方法建模的依据是系统动力学对系统及其特性的一系列观点。

系统动力学研究的对象是复杂系统：一个相互区别、相互作用的各部分有机联结在一起，为同一目的而完成某种功能的集合体。从系统动力学的观点看，一个系统应包含物质、信息、运动三部分。除了一般大系统所具有的结构复杂、因素众多、系统行为有时滞现象，以及系统内部诸参数随时间而变化等特征外，系统动力学认为复杂系统还有一些其他特征，比如系统都是高阶数、多回路、非线性的信息反馈系统；系统的行为具有"反直观"性，即其行为方式往往与多数人们所预期的结果相反；系统内部诸反馈回路中存在一些主要回路；对系统参数变化不敏感等。SD 特别强调系统的整体性和复杂系统的非线性特性,认为系统的结构决定系统的功能,系统行为模式的特性主要取决于其内部的动态结构与反馈机制;系统在内外动力和制约因素的作用下按一定的规律发展演化。

系统动力学在对问题进行定性分析时,强调系统、动态和反馈,并使三者有机地结合起来,同时强调结构决定系统的功能。对整个系统而言,反馈是指系统输出与来自外部环境的输入的关系。反馈可以从单元、子块或系统的输出直接联系至其相应的输入,也可以经由媒介——其他单元、子块,甚至其他系统实现。换言之,所谓"反馈"就是信息的传输与回授,"输入"是指相对于单元、子块或系统外部环境施加于它们本身的作用,而"输出"则为系统状态中能从外部直接测量的部分。系统动力学认为,一阶反馈回路是构成系统的基本结构,一个复杂系统则是由这些相互作用的反馈回路组成的。系统的动态行为主要取决于系统内部的结构,即内部的反馈结构和机制。在一定条件下,外部环境的变动和干扰会使系统行为发生变化,但是归根结底,外因只有通过内因才能起作用。换言之,系统行为的发生与发展主要根植于系统内部的反馈结构,系统的微观结构决定了系统的宏观行为。

模型是客观存在的事物与系统的模仿、代表或替代物,它描述了客观事物与系统的内部结构、关系与法则。为了实现模拟,模型的结构要仿效所要模拟的客观事物的主要构成部分,然后经适当的处理手段使模型显示出该客观事物或过程的基本动态行为。SD模型的模拟是一种结构——功能模拟,是在对问题定性分析的基础上,即在确定因果关系图、流程图以及有关数据、参数的基础上,利用相关软件编制出相应的方程,再加进选择的政策变量进行计算机模拟实验,最终得出系统功能随时间变化的发展趋势。系统动力学的规范模型只是实际系统的简化与代表。一个模型只是实际系统的一个断面或侧面。若从不同角度对同一实际系统进行建模,就可以得到系统许多不同的断面,就能更加全面、深刻地认识系统,寻求更好的解决问题的途径。

系统动力学所分析研究的系统几乎都是多变量的系统,对于多变量系统而言,只有用状态变量的描述方法,才能完全地表达系统的动力学性质,也就是在状态变量描述的基础上进一步解释系统的内在规律与反馈机制。据此,系统动力学将系统的变量定义为 6 类,分别为状态变量(或称之为积累变量、流位变量、水平变量等,是系统中的一类重要因素)、速率变量、辅助变量、常量、外生变量和增补变量。其中,状态变量是指能对输入输出变量(或其中之一)进行积累的变量;速率变量代表输入输出的变量,是与状态变量相对应的;不随时间变化的量称为常量;描述影响速率变量的必需信息,能够帮助建立速率方程的变量称为辅助变量;在因果关系中不连接在反馈环中且不影响任何反馈环中其他变量的变量称为增补变量。状态、速率、辅助、增补变量及常量又统称为内生变量;制约着内生变量,但又不受内生变量制约的变量称为外生变量。SD 模型就是在对系统进行结构分析的基础上,确定上述各变量,利用变量之间的反馈关系,遵守一定的规定绘制出系统流图,构建出模型方程,最终借助计算机进行系统结构、功能与动态行为的模拟。

系统动力学的本质是一阶微分方程组。一阶微分方程组描述了系统各状态变量的变化率对各状态变量或特定输入等的依存关系。而在系统动力学中则进一步考虑了促成状态变量变化的几个因素,根据实际系统的情况和研究的需要,将变化率的描述分解为若干流率的描述。这样处理使得物理、经济概念明确,不仅利于建模,而且有利于政策实验以寻找系统中的控制点。

4.1.2 系统动力学特点

系统动力学一反过去常用的功能模拟(也称黑箱模拟)法,从系统的微观结构入手,以定性与定量相结合的方法来分析研究系统,构造系统基本的因果关系,建立模型,借助计算机模拟技术分析系统的动态行为,预测系统的发展趋势。系统动力学基本特点如下:

(1)系统动力学是从系统的微观结构入手建立系统模型,经过严谨的系统分析与结构分析,深入到真实世界,研究其中不可测量的因果关系和结构,把系统的动态变化与其内部的反馈回路结构联系起来,获得对系统的正确认识。

(2)系统动力学的建模过程便于实现建模人员、决策者和专家群体的结合,便于运用各种数据、资料、人们的经验与知识,也便于汲取和融汇其他系统科学与其他科学理论的精髓。系统动力学的建模过程是一个学习、调查研究的过程,模型的主要功能在于向人们提供一种进行学习与政策分析的工具。

(3)系统动力学另一突出特点是关于组成系统的基本结构的理论,认为反馈回路是构成系统的基本结构。一个系统由单元、单元的运动和信息组成。单元系统是指系统存在的现实基础,而信息在系统中发挥关键的作用。依赖信息,系统的单元才能形成结构,单元的运动才能形成系统的行为与功能。

(4)系统动力学擅长处理多维、非线性、高阶、时变的系统问题。社会、经济、军事等系统一般来说是非常复杂的,描述它们的方程往往是多维、非线性、高阶、时变的。对于这样复杂的数学模型,通常是采取降阶、线性近似等方法进行求解,这些方法由于忽略了许多重要的信息,得到的结果不可靠。而系统动力学是建立在数字模拟技术基础上的,对这类复杂系统的处理比较有效。

(5)在数据缺乏的条件下,系统动力学方法仍可进行研究。传统的预测方法都是对很多因素进行简化或者干脆被忽略掉,从而使非线性关系简化成线性的,复杂的变成简单的,导致预测结果误差很大。而系统动力学把一切被研究对象看成系统,从系统整体出发,在系统内部寻找与研究对象相关的因素,模型结构也是以反馈环为基础。动态系统的理论与实践表明,多重反馈环的存在使得系统行为模式对大多数参数不敏感。这样,尽管数据缺乏对参数估计不利,但只要估计的参数在其宽容度内,系统行为仍显示出相同的模式。在这种情况下,系统动力学方法仍能用于研究系统行为的动态变化。另外,利用系统动力学特有的表函数,可以使资金、技术、管理、政策等难于定量化的作用均得到体现,而且其大小和影响方式都可以很方便地进行调节。

4.1.3　系统动力学应用于水资源承载力研究的优势

系统动力学方法作为一种研究复杂系统的有效工具,最初被应用于社会经济发展预测中,在关于解决水资源和水环境系统问题,以及流域水环境规划等研究中也有应用。

城市水环境系统是一个涉及经济、资源、生态等多方面的复杂大系统。以往关于水环境系统的研究主要采用静态分析方法,以实际调查所获得的单因子数据为依据,忽略其他因素的影响,通过已有模型的估算,对水环境承载力进行评价。静态方法虽简便,却无法反映人类活动与水环境系统的相互作用及其反馈机制。实际上,城市水环境系统内容复杂,涉及因素众多,具有多元性、非线性、多重反馈等特征,因此,水环境承载力的研究应在静态评价的基础上,预测其动态变化趋势。

水资源开发利用是一个时变的动态过程,具有不可试验性,从而限定了水环境承载力的研究方法。系统动力学方法作为一种仿真模拟技术,具有与运筹学及其他水资源规划分析方法所不同的优势,最重要的一点是,系统动力学方法可以为决策者提供一个描述和运行"水资源-社会经济-生态"这一复杂系统的平台,而不是刻意追求某一目标下的最优解和确切数值。这恰恰符合水资源开发利用研究的主要任务,即注重反映系统行为的变化趋势。用系统动力学分析研究水资源系统具有如下优点:

(1)动力学方法采用一组差分方程来描述系统动态行为,且描述方法是分别对每对因果关系进行的,具有"积木式"的灵活性特点。由于该方法的这种特点比应用微分方程法更简便、更灵活地反映系统的动态行为,因此有广泛的适用性。

(2)系统动力学模型既有描述系统各个要素之间因果关系的结构模型,以此来认识和把握系统结构,又有专门形式的数学模型,据此进行仿真试验的计算,用以掌握未来系统的动态行为,是定性分析与定量分析相结合的仿真技术。

(3)与以往其他研究方法(如采用较多的多目标规划法)相比,系统动力学能比较容易地得到不同方案下的水环境承载力,并通过计算结果来显示,这样更能真实地模拟水资源和社会经济、环境之间的相互作用及发展状况。

(4)系统动力学帮助决策者了解和判断水资源系统的动态行

为。用系统动力学模型计算的承载力不是简单地给出所能养活人口的上限,而是通过各种决策在模型上模拟,清晰地反映人口、资源、环境和发展的关系。

综上所述,运用系统动力学研究水环境承载力有较强的可操作性。

4.1.4　系统动力学应用软件

系统动力学有专门的计算机模拟语言和软件。DYNAMO 就是其中一种计算机模拟语言系列,取名来自 Dynamic Models(动态模型)的混合缩写,它的含义在于建立真实系统的模型,借助计算机进行系统结构、功能与动态行为的模拟。用 DYNAMO 写成的反馈系统模型经计算机进行模拟可得到随时间连续变化的系统图形。随着系统动力学在许多领域的广泛应用,加之计算机编程等技术的不断进步,用于 IBM 个人计算机的专用 DYNAMO(professional DYNAMO)系列相继出现。20 世纪 80 年代中期涌现出一批具有图示辅助建模、辅助思考功能的系统动力学专用模拟软件,如 STELLA、ithink、Powersim 和 Vensim 等,其中 Vensim 的功能最为全面。

Vensim 全名为 Ventana Simulation Enviroment,是由美国 Ventata Systems Inc 公司开发,主要用于政府决策的一种可视化应用软件。Vensim 具有描述系统简明、清晰的特点,主要利用它来描述模型的主要方程,建立各种变量之间的关系。

(1)利用图示化编程建立模型。在 Vensim 中,“编程”实际上并不存在,只有建模的概念。只要在模型建立窗口画出流图,再通过 Equations 输入方程和参数,就可以直接进行模拟了。

（2）运行于 Windows 下，数据共享性强，提供丰富的输出信息和灵活的输出方式。由于采用了多种分析方法，因此 Vensim 的输出信息是非常丰富的，其输出兼容性较强。一般的模拟结果，除了即时显示外，还提供保存文件。

（3）Vensim 提供模型的结构分析和数据集分析，其中结构分析包括原因树分析（逐层列举作用于指定变量的变量）、结果树分析（逐层列举该变量对于其他变量的作用）和反馈列表。模型运行后，可进行数据集分析。对指定变量，可以给出它随时间的变化图，列出数据表。另外，Vensim 还可以给出原因图分析和结果图分析，能够同时对多次运行结果进行比较。

（4）Vensim 可提示程序错误和真实性检验，从而提高建模效率。

4.2 多目标规划模型

4.2.1 多目标规划的特点

对多目标最优化问题的研究学科一般称为多目标最优化或者多目标规划，主要为研究在一定的约束条件下多个目标函数的极值问题，多目标决策方法是从 20 世纪 70 年代中期发展起来的一种决策分析方法。在社会经济系统的研究控制过程中，研究者们所面临的系统决策问题通常都为多目标的，例如我们在研究生产过程的组织决策时，既要考虑生产系统的产量最大，又要保证产品的质量高、成本低等目标。这些目标相互作用影响使决策过程相当复杂多变,研究者要对其进行决策就相当困难。类似于这种的具有多个目标的决策就成为多目标决策。多目标决策方法现在已经广泛地应用于人口、环境、水资源利用、能源、工艺过程、教育等领域中。

多目标规划,也可以称为多准则规划,是对单目标规划的进一步补充和发展,其不同于传统单目标规划的显著特点是:虽然选取的决策变量相同,但是能够反映最优原则的目标函数具有多个。这些目标函数之间可能不一定能公度,或者相互矛盾,有些目标甚至不能定量,或者每个目标在量纲上不同,这样就会对求解造成很大的困难:在另一个方面,我们求解多目标规划的目的是使其全部目标同时为最优。但是除了在极其罕见的情况下,可能会存在共同的最优解,通常是不会使每个目标同时达到最优。这也就是说,在存在多个目标时,一般不可能得到原目标的绝对最优解,而只可以有点主观地规定出多目标的优先顺序,或者在制定的指标下(比如权重)来估计、协调各个目标的满意解。多目标规划问题的函数中,系数是一个矩阵,而单目标函数系数是一个向量;多目标规划问题与单目标规划的求解方法也不完全相同。

4.2.2　多目标规划的计算方法

多目标规划问题可有以下两种数学表达形式。

1.第一种数学表达形式

对一般的多目标函数的数学表达式为

$$\max Z(x) = [Z_1(\boldsymbol{x}), Z_2(\boldsymbol{x}), \cdots, Z_p(\boldsymbol{x})] \qquad (4.1)$$

约束于 $g_i(\boldsymbol{x}) \leqslant 0$ 或 $G_i, i=1,2,\cdots,m, x_j \geqslant 0, j=1,2,\cdots,n$。

式中 $Z(x)$——p 为目标函数,也就是有 p 个目标;

        x——n 维向量,表示 n 个决策变量;$g_i(x)$ 为 m 个约束函数。

式(4.1)也可以成为向量最优化模式。

如果为多目标线性规划问题,表达式可以写成

$$\max(Z) = CX \tag{4.1a}$$

约束于 $AX \geqslant b, x \geqslant 0$。

式中 Z——$p \times 1$ 向量。

$$C \text{ 为 } p \times n \text{ 矩阵}, C = \begin{Bmatrix} c_{11} & c_{12} & \cdots & c_{1n} \\ c_{21} & c_{22} & \cdots & c_{2n} \\ \vdots & \vdots & & \vdots \\ c_{p1} & c_{p2} & \cdots & c_{pn} \end{Bmatrix}$$

$$X \text{ 为 } n \times 1 \text{ 矩阵}, X = \begin{Bmatrix} x_1 \\ x_2 \\ \vdots \\ x_n \end{Bmatrix}$$

$$A \text{ 为 } m \times n \text{ 矩阵}, A = \begin{Bmatrix} a_{11} & a_{12} & \cdots & a_{1n} \\ a_{21} & a_{22} & \cdots & a_{2n} \\ \vdots & \vdots & & \vdots \\ a_{m1} & a_{m2} & \cdots & a_{mn} \end{Bmatrix}$$

$$b \text{ 为 } m \times 1 \text{ 向量}, b = \begin{Bmatrix} \bar{b}_1 \\ \bar{b}_2 \\ \vdots \\ \bar{b}_m \end{Bmatrix}$$

2.第二种数学表达形式

对于多准则线性规划模型,其数学形式可以表达为

$$
\left.
\begin{array}{ll}
\max f_1(\bar{x}) = \bar{c}^1 \bar{x} & \\
\max f_2(\bar{x}) = \bar{c}^2 \bar{x} & \mathbf{A}\bar{x} \leqslant \bar{b} \\
\vdots & \bar{x} \geqslant 0 \\
\max f_p(\bar{x}) = \bar{c}^p \bar{x} &
\end{array}
\right\}
\tag{4.2}
$$

也可以写为

$$
\max_{\bar{x} \in X} f_K(\bar{x}) = f_K(\bar{x}^{*K}), K = 1, 2, \cdots, p
\tag{4.2a}
$$

$$
X \Rightarrow X\{\bar{x} \,|\, \mathbf{A}\bar{x} \leqslant \bar{b}, \bar{x} \geqslant 0\}, \bar{x} \in E^n
$$

4.3　生态承载力模型

生态占用模型(Ecological Footprint)通过测算人类的生态占用与生态承载力之间的差距,定量地判断区域的发展是否处于生态承载力的范围之内,评定研究对象的可持续发展状况。据此原理,计算并分析黑龙江省 2003～2009 年水资源生态足迹和水资源生态承载力演变态势,掌握黑龙江省水资源的可持续发展状况,为评价黑龙江省水资源可持续发展状况奠定基础,同时为政府决策提供科学依据。

4.3.1　生态足迹理论与内涵

在一定的技术条件下,维持某一物质消费水平下人的持续生存所必需的生态生产性土地面积即为生态足迹;自然所能提供的为人类所利用的生态生产性土地面积则为生态承载力。生态足迹是测量人类对自然界影响的有效分析方法之一,它用于衡量人类现在究竟消耗多少用于延续人类发展的自然资源。因为人类消耗着自然的产品和服务,每一个人都对我们的星球有着影响。生态足迹模型主要用来计算在一定的人口与经济规模条件下,维持资源消费和废物消纳所必需的生物生产面积。生态足迹将人类活动对生物圈的影响综合到一个数字上去,即人类活动排他性占有的生物生产性土地面积。它将人类所利用的同热力学及生态规律相一致的生态服务累计起来。"空间互斥性"假设将我们能够对各类生物功能的需求,如食物生产和二氧化碳吸收等,进行加和,从宏观上认识自然系统的总供给能力和人类社会对自然系统的总需求数量。

生态足迹需要考虑那些具有潜在可持续发展能力的各个方面。既然生态足迹理论建立在对地球生物圈所能提供的可再生容量的限制性消费上,就需要将生态足迹账户所核算的人类对自然界的利用,一直扩展到对地球承载力的影响上去。不可再生资源,在其限制自然界的整体性和生产力的前提下,其利用也需要分别纳入生态足迹分析之中。然而,生态足迹并不涵盖有悖于可持续性原则的物质或活动,如对生物累聚物质和生物毒性物质的使用。生态足迹测量了人类生存所需的真实生物生产面积。将其同国家或区域范围内所能提供的生物生产面积相比较,就能够判断一个国家或区域的生产消费活动是否处于当地的生态系统承载力范围之内。

　　生态足迹分析的思路是：人类要维持生存必须消费所需的原始物质与能源，但人类每一项最终的消费量都可以追溯到生产该原始物质与能量的生态生产性土地面积上。任何一个已知人口的生态足迹，即是生产相应人口所消费的全部资源和消纳这些人口产生的全部废物所需要的生物生产面积，包括陆地和水域。在一定的技术条件下，维持某一物质消费水平下单位人的持续生存所必需的生态生产性土地面积即为生态足迹，这也是人类对生态足迹的需求；而自然所能提供的为人类所利用的生态生产性土地面积则为生态足迹的供给，即为生态承载力。

　　生态足迹是一种强可持续性的测量手段。当一个地区的生态承载力小于生态足迹时，即出现生态赤字，其大小等于生态承载力减去生态足迹的差，即负数；当生态承载力大于生态足迹时，则产生生态盈余，其大小等于生态承载力减去生态足迹的余数。生态赤字表明该地区的人类负荷超过了其生态容量，要满足其人口在现有生活水平下的消费需求，该地区要么从地区之外进口所欠缺的资源以平衡生态足迹，要么通过消耗自身的自然资本来弥补收入供给流量的不足。这两种情况都反映该地区的发展模式处于相对不可持续状态，其不可持续的程度可用生态赤字来衡量。相反，生态盈余表明该地区的生态容量足以支持其人类负荷，地区内自然资本的收入流大于人口消费的需求流，地区自然资本总量有可能得到增加，地区的生态容量有望扩大，该地区的消费模式具有相对可持续性，其可持续程度可用生态盈余来衡量。

　　生态足迹分析法是基于以下 5 点假设来进行计算的：

（1）人类可以确定自身消费的绝大多数资源及其产生废物的数量。

（2）这些资源和废物能够转换成相应的生物生产面积。

（3）采用生物生产力来衡量土地时，不同地域间的土地可以用相同的单位（公顷）来表示，即每单位不同地区的土地面积都能够转化为全球均衡面积。每一个单位的全球均衡面积代表着相同的生物生产力。

（4）各类土地在空间上是互斥的，如一块土地当它被用来修建公路时，它就不可能同时是森林、耕地、牧草地等。

（5）分析地球上哪些地域具有生物生产力是可行的，自然系统的生态服务总供给能力和人类系统对自然系统的总需求数量就能够相比较。

4.3.2　水资源生态承载力计算模型

水资源生态足迹模型主要用来计算在一定的人口和经济规模条件下维持水资源消费和消纳水污染所必需的生物生产性面积。把生态足迹中的水域扩大为水资源用地，将消耗的水资源转化为相应账户的水域面积，然后对其进行均衡化，最终得到可用于全球范围内不同地区可以相互比较的均衡值。本研究中，水资源生态足迹包括生活用水生态足迹、生产用水生态足迹、农业用水生态足迹、生态用水生态足迹、水产品消耗生态足迹。计算公式如下：

（1）生活用水生态足迹，指城市生活用水和农村生活用水及家畜用水在研究时间段的需求：

$$WF_d = N \cdot wf_d = N \cdot a_w \cdot aa_j = a_w \cdot (A_{dw}/P_w) \quad (4.3)$$

式中　　WF_d——总的生活用水生态足迹，hm^2；

wf_d—— 人均生活用水生态足迹,hm^2/人;

N—— 人口数;

aa_j—— 人均水域面积,hm^2/人;

A_{dw}—— 生活用水消耗量,m^3;

P_w—— 全球水资源平均生产能力,m^3/hm^2。

（2）生产用水生态足迹,企业在生产过程中用于制造、加工、冷却、洗涤和其他生产过程中对水资源的需求过程。

$$WF_i = N \cdot wf_i = N \cdot a_w \cdot aa_j = a_w \cdot (A_{iw}/P_w) \qquad (4.4)$$

式中　WF_i—— 总的生产用水生态足迹,hm^2;

wf_i—— 人均生产用水生态足迹,hm^2/人;

A_{iw}—— 生产用水消耗量,m^3;

N,aa_j,P_w同式(4.3)。

（3）农业用水生态足迹,指用于农业生产过程中对水资源的需求过程。

$$WF_{ag} = N \cdot wf_{ag} = N \cdot a_w \cdot aa_j = a_w \cdot (A_{agw}/P_w) \qquad (4.5)$$

式中　WF_{ag}—— 总的农业用水生态足迹,hm^2;

wf_{ag}—— 人均农业用水生态足迹,hm^2/人;

A_{agw}—— 农业用水消耗量,m^3;

N,aa_j,P_w同式(4.3)。

（4）生态用水生态足迹,包括城市环境用水和部分河湖、湿地的人工补水对水资源的需求。

$$WF_e = N \cdot wf_e = N \cdot a_w \cdot aa_j = a_w \cdot (A_{ew}/P_w) \qquad (4.5)$$

式中　WF_e—— 总的生态用水生态足迹,hm^2;

wf_e—— 人均生态用水生态足迹,hm^2/人;

A_{ew}—— 生态用水消耗量,m^3;

N，aa_j，P_w 同式（4.3）。

（5）水产品用水生态足迹，指人工养殖的水产品和天然生长的水产品对水资源的需求。

$$WF_{aq} = N \cdot wf_{aq} = N \cdot a_w \cdot aa_j = a_w \cdot (A_{aqw}/P_w) \qquad (4.6)$$

式中　WF_{aq}—— 总的水产品用水生态足迹，hm^2；

　　　wf_{aq}—— 人均水产品用水生态足迹，hm^2/人；

　　　A_{aqw}—— 水产品用水消耗量，m^3；

　　　N，aa_j，P_w 同式（4.3）。

（6）根据上述分析，水资源生态足迹为生活用水生态足迹、生产用水生态足迹、农业用水生态足迹、生态用水生态足迹和水产品用水生态足迹之和，计算公式为

$$WF = WF_d + WF_i + WF_{ag} + WF_e + WF_{aq} \qquad (4.7)$$

在上述计算中，水资源生态足迹以水资源生产性土地的面积来表达。

（7）根据生态承载力法，建立水资源生态承载力模型。水资源承载力的计算必须综合考虑生态环境以及社会生产，因此，在生态足迹模型中，上述水资源消耗由于投入产出的差异以及地区之间经济技术之间的差异，也应区别对待。严格来讲是水域的生物生产能力仅是水资源承载力和生态足迹的一部分，因此必须对生态足迹理论中的"水域"的定义进行扩充。在生态足迹理论框架内水资源承载力的计算公式为

$$WC = N \cdot wc = (1-12\%) \cdot a_w \cdot r_w \cdot Q_w/P_w \qquad (4.8)$$

式中　WC—— 水资源承载力，hm^2；

　　　wc—— 人均水资源承载力，hm^2/人；

　　　a_w—— 水资源的全球均衡因子；

γ_w—— 区域水资源产量因子;

Q_w—— 水资源总量,m^3;

P_w—— 水资源全球平均生产力,m^3/hm^2。

由于同类生物生产性的土地生产力在不同地区之间存在差异,因而各地区同类生物生产性的土地的实际面积不能直接对比。产量因子就是一个将同类生物生产性的土地转换成可比面积的参数。关于水资源产量因子将在后边详细介绍。同时,根据世界环境与发展委员会的建议,生态承载力应扣除 12% 的面积用于生物多样性保护的生态补偿。同理,在计算水资源生态足迹时也应扣除 12% 的面积用于生物多样性保护的生态补偿。

(8) 模型中参数的确定。

① 全球水资源平均生产力为

$$P_w = Q_w/A \tag{4.9}$$

式中　P_w—— 水资源全球平均生产力,m^3/hm^2;

Q_w—— 水资源总量,m^3;

A—— 计算区域的面积,hm^2。

② 中国水资源产量因子的确定:

$$\gamma = P_i/P_c \tag{4.10}$$

式中　γ—— 水资源产量因子(无量纲值);

P_i—— 区域单位面积产水量,m^3/hm^2;

P_c—— 全国单位面积产水量(m^3/hm^2),假设中国的水资源产量因子为 1。

③ 全球范围内水资源产量因子的确定:

$$\gamma_w = \gamma_{wC} \circ \gamma_{wa} \tag{4.11}$$

式中　γ_w—— 全球范围内的水资源产量因子;

γ_{wC}—— 中国在全球范围内的水资源产量因子；

γ_{wa}—— 某区域在国家范围内的水资源产量因子。

④ 均衡因子的确定：

$$a_w = P_w / P \tag{4.12}$$

式中　a_w —— 水资源均衡因子；

P_w —— 全球所有各类生物生产面积的平均生态生产力；

P —— 某一类生物生产面积的平均生态生产力。

（9）水资源生态赤字和水资源生态盈余。

将一个地区或国家的水资源消耗产生的生态足迹和生态承载力相比较，就会产生水资源生态赤字和水资源生态盈余，见下式：

水资源生态盈余（或赤字）＝水资源生态承载力—

水资源生态足迹

当水资源生态承载力大于水资源生态足迹时，为水资源生态盈余；当水资源生态承载力等于水资源生态足迹时，为水资源生态平衡；当水资源生态承载力大于水资源生态足迹时，为水资源生态赤字。

第5章　哈尔滨市水资源承载力模型案例

5.1　哈尔滨市水资源及水环境现状

5.1.1　哈尔滨市地理位置

哈尔滨市位于东经 $125°42'\sim130°10'$,北纬 $44°04'\sim46°40'$,位于中国东北北部、黑龙江省中南部、松花江沿岸,是中国省会级城市中纬度最高、位居最东的城市,是中国沿边开放带上最大的中心城市,东南临张广才岭支脉丘陵,北部为小兴安岭山区。哈尔滨市辖 8 区 10 县(市),其中包括宾县、巴彦、依兰、延寿、木兰、通河、方正 7 个县,五常、双城、尚志 3 个县级市。全市总面积 5.3 万 km^2,其中市区面积为 7 086 km^2,是全国省会城市中面积最大的城市。

5.1.2　地形地貌特征

哈尔滨市区及双城市、呼兰区地域平坦、低洼,东部县(市)多山及丘陵地。东南临张广才岭支脉丘陵,北部为小兴安岭山区,中部有松花江通过,山势不高,河流纵横,平原辽阔。分布在东部的山地主要为张广才岭、完达山脉和小兴安岭余脉,多为中心区和低山区,海拔在 110~1 600 m 之间,最高为尚志市三秃顶子,海拔 1 637.6 m。丘陵漫岗地除属于松花江一级台地的部分低洼地外,大部分为小丘陵漫岗地,分布于东南部、东北部、张广才岭余脉与松嫩平原过渡地带,海拔高度在 140~175 m 之间,最高达 190~200 m 左右,坡度和缓,大多在 7°~25°之间,部分谷地散布其间。平洼地主要分布在中部和西部,地势平坦,海拔在 116~174 m 之间。河流冲积低平原主要分布在中部、西部,由松花江、呼兰河、阿什河、拉林河、蚂蜒河及其支流冲积而成,地势低洼,海拔在 112~130 m 之间。低平原岗地主要分布在中部、西部,属河漫滩区与洪积—冰水平原之间的过渡地带,海拔在 120~145 m 之间。

5.1.3 自然资源

哈尔滨腹地辽阔,石油、煤炭、电力等自然资源和旅游资源十分丰富,生态环境良好。哈尔滨市已发现各类矿产 63 种,其中具有工业利用价值的有 25 种。全市林地主要分布在东部山区,张广才岭西北麓,小兴安岭南坡。林业用地包括用材林、经济林、薪炭林、防护林等,主要树种有红松、落叶松、樟子松、水曲柳、黄菠萝、胡桃楸及柞、椴、榆、杨、桦等。此外,哈尔滨市生物资源丰富,种类繁多,极具开发利用潜力。其中,植物资源主要为经济价值较高的藻类植物、苔藓植物及各种名贵的药用植物;动物资源多为东北虎、梅花鹿、紫貂等珍贵野生动物,以及生存于松花江及其支流、两岸沼泽和水库中的各种淡水鱼类。

哈尔滨市境内森林、山川、江河、湖泊等自然景观风光秀丽,冬季冰雪文化和夏季森林生态条件得天独厚,加之边境地域特有的人文景观,使得哈尔滨成为一座风光旖旎、充满欧陆风情的国际旅游城市。

5.1.4 社会环境

哈尔滨市地处东北亚中心位置,腹地广阔,不仅是东北地区的物资集散地和经济商业贸易中心,也是第一条欧亚大陆桥和空中走廊的重要枢纽。随着社会经济的不断发展,哈尔滨已形成了四通八达的水陆空立体交通网络。北起古莲,南至兰棱,东达绥芬河,西到满洲里,外与俄罗斯接轨,内与中原地区相通,36 条铁路干支线贯穿黑龙江省全境和内蒙古部分地区,构成了欧亚大陆桥的重要通道。公路、航空运输事业发展迅速,目前,哈尔滨市不仅形成了以高速公路、专用公路及高等级公路为骨干架的干线公路网络,而且拥有中国东北北部最大的国际航空港。

至 2007 年年末,哈尔滨市全市户籍总人口 987.4 万人,其中市区人口 475.5 万人。在总人口中,非农业人口 476.9 万人,男性人口 499.3 万人。

哈尔滨市是黑龙江省经济发展中心,是一个以工业为主体、第三产业全面发展的综合性城市。2007 年,哈尔滨市工业企业达到1.4 万户,其中规模以上工业企业 969 户,工业资产总额 1 800 亿元,拥有哈飞、哈药、哈啤等一批国内外知名的大型工业企业集团,成为黑龙江省的制造业中心、工业技术中心和科技研发中心,初步形成了以装备制造、食品、医药和化工四大优势产业为主导,以电子信息、新材料、新能源产业为补充的发展格局。全年实现地区生产总值 2 436.8 亿元,其中,第一产业实现增加值 347.7 亿元,第二产业实现增加值 902.6 亿元,第三产业实现增加值 1 186.6 亿元,产业结构为 14.3：37：48.7。

在农业建设方面,哈尔滨市围绕强化农业基础地位和增加农民收入,调整农业结构,改善传统农业生产格局,稳粮增牧,突出发展以绿色农业为重点的质量效益型农业。坚持科技兴农,推广先进适用技术,实施良种工程,建立现代农业科技园区和科技示范基地。积极推进农业综合开发,在全市建设 14 条绿色食品基地产业链,加速农业产业化进程,促进农村经济全面发展。2007 年,全年完成农林牧渔业总产值 583 亿元,比上年增长 6.3%。

哈尔滨市科教文卫等社会事业蓬勃发展。2007 年,全市共有各类卫生机构(含农村卫生室)3 932 个,各级各类学校 4 053 所,在校生 118.3 万人,公共图书馆 18 个,博物馆 8 个。作为全国最早的冰雪体育运动基地,哈尔滨市高度重视体育事业建设,全年开展各类全民健身及体育竞赛活动达 1 000 余次,并于 2009 年 2 月成功举办了第 24 届世界大学生冬季运动会,为冬奥会的申办奠定了基础。

5.2　哈尔滨市水资源概述

哈尔滨市属于中温带大陆性季风气候。冬季漫长,气候严寒干燥;夏季受副热带海洋气候影响,温暖湿润,降水集中;春秋两季由于冬夏季风交替,气候多变,春季多大风,降雨少,秋季降温急剧,带有霜冻发生。多年平均气温 3.1℃,多年平均降水量

619.7 mm,降水多集中在 6～9 月,占全年降水量的 70%以上,多年平均蒸发量727.1 mm。

　　哈尔滨市境内的大小河流均属于松花江水系和牡丹江水系,主要有松花江、呼兰河、阿什河、拉林河、牤牛河、蚂蜒河、东亮珠河、泥河、漂河、蜚克图河、少陵河、五岳河、倭肯河等。松花江发源于吉林省长白山天池,其干流由西向东贯穿哈尔滨市地区中部,是全市灌溉量最大的河道,全长 466 km。拉林河等 22 条主要支流总长 2 021 km;流域面积在 50 km 以上的中小型河流132 条,总长 3 850 km。

　　哈尔滨及其附近地区属第四系发育,第四纪的松散堆积物厚度可达百余米,在松散堆积的砂层中储存有丰富的地下水,水文地质条件较好。沿松花江及阿什河等河漫滩区分布有孔隙潜水,其中低河漫滩区含水层埋藏深度一般为 2～5 m,覆盖层厚度 1～3 m,含水层厚度一般为 20～35 m,富水性好,水质较好,是哈尔滨市防污染能力最差的地段。松花江阶地西宽东窄,呈楔形嵌于岗阜状平原及松花江漫滩之间,阶面平坦。含水层由砾质中粗砂组成,厚25～35 m,水位埋深 12～24 m,渗透性一般,渗透系数 5～10 m/d,富水性中等,防污染能力较强。山前洪积—冲积台地区分布有孔隙潜水与承压水,上部黄土,黄土状土厚 5～40 m,储存有孔隙水或上层滞水,很少被人们直接利用。下部沙砾含水层总厚度 20～40 m,其压力水头高度达 7～20 m,局部可自流。岗阜状平原分布于哈尔滨市南部,地表起伏不平,含水层分上下两层,岩性为细砂,砂质中粗砂,厚 30～50 m。水位埋深 20～60 m,富水性不均一,东南部相对较差,而西北部相对较好,是哈尔滨市防污染能力最强的地带。

地下水的补给来源主要为大气降水、地表水及区域以外地下水的侧向径流。地下水水化学类型主要为重碳酸钠钙型,其次为重碳酸钙钠、重碳酸钠钙及重碳酸钠型,一般矿化度均小于 0.5 g/L,属低矿化淡水。

根据黑龙江省水资源综合评价成果,哈尔滨市多年平均地表水资源量为98.97亿 m^3,地下水资源量为 38.98 亿 m^3,扣除地表水和地下水之间的重复水量 23.71 亿 m^3,水资源总量为114.24 亿 m^3。地下水中平原区地下水资源量为 22.69 亿 m^3,山丘区地下水资源量为 16.84 亿 m^3,平原区地下水可开采量为20.18亿 m^3,地下水多年平均开发利用率为 42.2%。哈尔滨市水资源特点是自产水偏少,过境水较丰,时空分布不均。东北部和东南部县(市)水资源较丰富,而中部和西部县(市)、区水资源严重缺乏,贫富差距较大。

5.2.1 哈尔滨市水资源开发利用现状

全市现有水库 197 座,其中大型水库 2 座,中型 18 座,小型177 座,塘坝 12 293 座。到 2007 年末,各大中型水库蓄水总量为5.57 亿 m^3,比上年末蓄水总量减少2.15 亿 m^3。哈尔滨市政集中供水系统沿松花江南岸有 3 个地表水源,即四方台、朱顺屯、三棵树水源地,另有顾乡、马家沟、骆斗屯、菅草岭等地下水源地多处。其他市辖县中,延寿县水源取自新城水库,尚志县水源地为亮珠河,宾县取用二龙山水库水作为水源。除上述三个县(市)的集中式饮用水源为地表水外,其他 7 个县(市)的水源地类型均为地下水。

作为哈尔滨市区的替代水源,磨盘山水库和西泉眼水库成为全市最重要、规模最大的水利建设工程。

西泉眼水库位于黑龙江省阿城、五常、尚志三市交界处,是松花江右岸一级支流阿什河上游的第一座以防洪、除涝、灌溉为主,兼顾养鱼、发电、旅游等综合利用的大型水利枢纽工程,是哈尔滨市区居民饮用水的备用水源地。水面面积 40.86 km²,总库容 4.78×10^8 m³。水库建成后可提供农业灌溉用水 1.45×10^8 m³(保证率 75%),工矿企业供水 0.2×10^8 m³(保证率 95%)。为了增加城市用水保障能力,满足哈尔滨市城市发展的需要,目前西泉眼水库已由原来的备用水源调整为正式供水水源,设计供水能力为每天 32 万 t。

磨盘山水库位于五常市境内,拉林河干流上游。控制流域面积 1 151 km²,是一座集灌溉、发电、防洪、城镇供水等功能于一体的大型综合水利工程,可充分利用尚未利用的 3.8 亿 m³ 水资源。水库建成后,每年可向哈尔滨市供应 2.7 亿 m³ 的清洁水,同时,在提高灌溉保证率的前提下可使灌溉水田面积达到 824.25 hm²。

2003~2007 年哈尔滨市供水及用水状况见表 5.1。

表 5.1　哈尔滨市供水及用水现状　　　　　　　单位:万 t

年份	总供水量	地表水供给量	地下水供给量	总用水量	农田灌溉用水	工业用水	生活用水	林牧渔业用水
2003	49.76	37.92	11.84	49.76	36.99	5.51	5.27	1.98
2004	49.17	36.94	12.23	49.17	36.72	4.44	5.25	2.76
2005	49.75	35.27	14.48	49.75	37.3	4.26	5.41	2.78
2006	51.48	37.58	13.90	51.48	39.43	4.14	5.13	2.78
2007	52.94	37.8	15.14	52.94	41.47	4.98	5.38	1.11

由表 5.1 可知,哈尔滨市近几年水资源供应量与用水量相当,其中,工业和生活用水量变化不大,农田灌溉用水量基本上呈逐年增加的趋势。农业用水量占总用水量的 80%,是城市水环境系统中的用水大户。表面看来哈尔滨市的水资源供需平衡,水资源似乎得到了最优化的配置,但是这种平衡是以牺牲生态环境用水,限制工农业生产和社会经济发展速度为代价的。在所谓优化和平衡的面纱下,隐藏着很多问题,如市区市政供水管网压力不足;地下水开发过度,造成地下水位下降;水资源的开发利用过程中缺少大型控制工程;农田抗旱能力差;水利工程老化,病险水库严重;水资源浪费严重;过境水利用程度低等。

5.2.2 哈尔滨市水环境概述

松花江哈尔滨江段污染主要来自四方面:一是上游来水污染严重,日接纳来自第二松花江和嫩江的工业废水、生活污水约 450 万 t,呈逐年上升趋势,来水中含有大量的有机污染物和有机毒物;二是沿岸地表径流形成的面源污染,由于沿岸植被破坏严重,过度砍伐及开垦导致水土流失、生态环境恶化,通过地表径流将土壤中化肥、农药等化学物质及地面污染物携带到江河中,造成水质污染;三是本市排放的污水污染,"十五"期间市区日排放污水约 100 万 t,大部分未经处理直接排入松花江;四是原生地质环境造成地下水水源地铁、锰超标。

降水量一方面形成地表径流造成面源污染,另一方面影响河流径流量。研究表明,高锰酸盐指数受流量因素的影响很明显,基本上是流量越大,浓度越低。而氨氮浓度与流量之间不存在较明显的相关性,这是由于氨氮受污染源排放、污水处理率等因素的影响更大所致。

根据哈尔滨市地下水水质监测资料,选取硫酸盐、氯化物、硝酸盐氮、亚硝酸盐氮、氨氮、总硬度、铅和溶解性总固体 8 项指标对地下水水质进行评价。

亚硝酸盐氮、氨氮和总硬度在监测指标中超标最严重,均达到 15％以上。其他监测指标虽不会对地下水水质造成严重影响,但是由于其浓度变化范围大,因此瞬间或短期内对地下水的污染影响仍然不可小觑。

5.2.3   哈尔滨市污水治理现状

目前,哈尔滨市区共有 3 座污水处理厂,即太平污水处理、文昌污水处理和集乐污水处理厂。为进一步落实松花江流域水污染防治规划,加大水污染治理力度,根据哈尔滨市城市总体规划,计划再修建 4 座污水处理厂,分别为群力、平房、信义、阿城污水处理厂。其中,平房污水处理厂位于何家沟上游,承担何家沟平房段污水处理任务,建成后其日处理污水能力将达 15 万 t,污水处理达标后作为景观用水排放到何家沟;何家沟下游建设群力污水处理厂,日处理污水 20 万 t,可彻底解决哈市西部及城市上游的排污问题,采用深度处理技术每天再生利用 5 万 t 中水,用于城市内河景观和生态湿地公园的用水;信义沟下游将建设信义污水处理厂,主要承担香坊和道外区段的污水处理任务,日处理污水能力将达 10 万 t;阿城区污水处理厂建设规模为日处理城市生活污水 5 万 t,使城区污水处理率达到 100％,大大改善了阿什河的环境质量。除此之外,哈尔滨市的部分市辖县也建有自己的污水处理厂,如巴彦县、通河县、宾县和方正县等。本书就市区现有污水处理厂作简单介绍。

哈尔滨文昌污水处理厂位于城市松花江下游与阿什河交汇处的河漫滩地上,按照建设规划,主要处理来自马家沟排水区、沿江南岸排水区和污水处理厂附近阿什河口 3 个排水区的污水,处理后水质达到国家一级排放标准。工程分三期建设,其中一期工程为 32.5 万 t/d 的一级处理,采用自然沉淀工艺,担负处理市区马家沟排水区的污水;二期工程为 16 万 t/d 的二级处理,处理工艺采用厌氧一好氧活性污泥法(A/O 法)。一、二期工程 1996 年施工,2003 年 8 月 30 日联动通水运行,从而改变了哈尔滨市污水集中处理率为 0 的历史性突破。三期工程于 2006 年 6 月启动,2008 年10 月投入使用,污水处理工艺采用曝气生物滤池,处理能力达到16.5 万 t/d 二级处理,使松花江南岸沿江汇水区、马家沟沿岸汇水区 65 万 t/d 的生活污水得到无害化处理,哈尔滨市污水处理率提升到 65%。

太平污水处理厂位于文昌污水处理厂西侧,2006 年 2 月正式运营,是哈市目前规模最大的污水处理厂。该厂主要处理松花江沿线南岸区域生活污水,采用 A/O 脱氮工艺,处理后水质达到国家一级排放标准。日处理能力为 32.5 万 t,其中有 5 万 t 作为再生水处理。

松北区集乐污水处理厂工程位于集乐河道端部,承担 202 国道以东、滨洲铁路以西、前进堤以北围合区域以及世茂大道周边区域的污水处理任务,污水处理厂设计规模为日处理污水 2 万 t,采用 A/O 处理工艺,进行两级深度处理,处理后水质达到《城镇污水处理厂污染物排放标准》(GB18918—2002)中的一级 A 标准。

根据《松花江流域水污染防治规划(2006—2010 年)》及国家环

保总局于 2006 年 5 月 8 日发布的《城镇污水处理厂污染物排放标准》(GB18918—2002)修改单的公告(2006 年第 21 号),必须提高松花江流域内污水处理厂的出水水质标准,缓解对水环境的压力。在此前提下,哈尔滨市政府为了达到松花江流域水污染防治的整体目标,改善松花江哈尔滨段水体环境,控制污染物的排放量,决定启动哈尔滨市污水处理厂升级改造工程,使文昌污水处理厂、太平污水处理厂的出水水质达到一级 B 标准。

5.2.4　哈尔滨市水环境系统存在的主要问题

通过对哈尔滨市水资源开发利用现状以及水环境质量的调查了解,可以发现,哈尔滨市水环境系统目前存在以下问题。

1. 水资源严重短缺

近几年来,哈尔滨市降水偏少,水资源的天然补给量较少,同时由于气候持续变暖,在水循环系统中,蒸发量随之增加,这使得由净雨转化的径流量减少。据统计,20 世纪 50 年代,松花江 4～6 月份最低水位平均值 113.66 m;20 世纪 70 年代已经降至 113.06 m;20 世纪 90 年代降至 112.58 m;目前,松花江航道最浅处只有 0.9～1 m。2000 年 6 月 28 日,松花江水位降至历史最低值,为 111.41 m。

2. 供需矛盾突出

随着经济的快速发展和人口的急剧增长,用水需求大幅增加,而供水能力则明显不足,远远满足不了本地社会经济发展的需要,供需矛盾十分突出。

3. 地下水超采严重

由于本地水资源的严重短缺,人们常把取水的目光放在地下水。因为地下水储备量比较大,很容易被人们抽取利用,在短期内也不易看到出现的严重后果,因而人们常常大幅度开采利用地下水。由于过度开采地下水,已经导致地下水位连续下降,形成降落漏斗,存在地面塌陷等潜在危机。

4. 水资源浪费严重

在水资源严重短缺的同时,哈尔滨市水资源浪费现象惊人。有一些人的节水意识淡薄,任由自来水常流;城市管网年久失修,部分陈旧管道多次破裂,水资源浪费严重。另外,哈尔滨市是老工业基地,大部分工业企业生产工艺比较落后,工业结构中新兴技术产业比重相对较小,管理上也有差距,单位产品耗水量高,致使水资源大量浪费,经初步估计,哈尔滨市每天约浪费 6 万 m^3 自来水。

5. 水环境污染严重

随着哈尔滨市人口增加和经济发展,污水排放量逐年随之增加,河道、水库、地下水均已受到不同程度的污染。松花江哈尔滨江段,每日接纳上游工业废水和生活污水 450 万 t 以上,同时接纳哈尔滨每日排放的污水 800 万 t 以上。作为主要水源地的朱顺屯断面,水质超过国家规定的居民饮用水水源水质标准,其污染物以有机物污染(其中致癌性 14 种,超标致癌物 9 种)为主,污染程度以枯水期最为严重,且年际变化不大,污染程度没有明显好转。另外,由于地下水位的大幅度下降,造成松花江和阿什河水位高于沿岸地下水水位,被污染的江河水则侧向渗补给地下水,引起沿岸地下水污染。

5.3　哈尔滨市水资源承载力评价指标体系的构建与定量计算

5.3.1　评价指标体系的构建

在全面分析水资源承载能力各影响因素的基础上,建立哈尔滨市水资源承载力评价指标体系,如图 5.1 所示。该指标体系归纳为以下几个方面:①反映城市水资源条件;②反映城市供、需水结构及节水水平;③反映城市社会经济发展状况;④反映城市生态环境状况。每一类中,又可拟定若干代表性好、针对性强、易于量化,又具备可比性的待选指标,并采用灰色关联模型对上述各待选指标进行分析和筛选。收集全部待选指标在 2003～2006 年之间的原始数据。其中,人均污水排放量和人均需水量两指标都用倒数形式表示,这样可以使所有指标都与水环境承载力的大小成正比,从而避免成本型指标和效益型指标在后续数据处理过程中因初始化方式不同而引起误差。城市化水平通常被看作是成本型指标。

本书的城市化水平是用非农业人口占总人口比重来表示的,随着水价调节机制的进一步完善,人们节水意识逐步提高,城镇需、用水量将会得到控制,甚至会有所下降。而在农村,水资源开采和供应条件受到一定限制,利用空间很大,同时,农村生活条件越来越好,因此农村居民生活用水会在很长的一段时间内有所增加。由此可知,城市化水平的提高意味着越来越多的居民开始节水,也意味着水环境承载力越来越大。考虑到城镇和农村之间存在的上述差异,我们将城市化水平归为效益型指标的范畴。

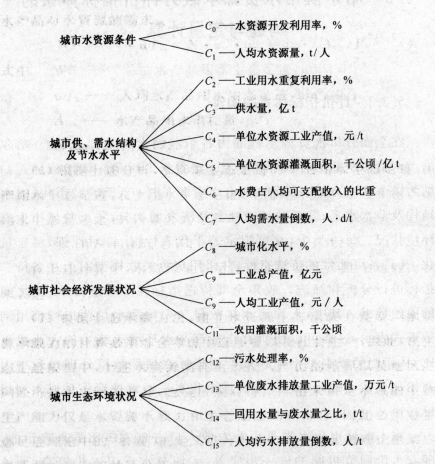

图 5.1　哈尔滨市水环境承载力待选指标体系

对待选指标进行原始数据的初始化处理,结果见表 5.2。

表 5.2　原始数据初始化结果

年份	C_0'	C_1'	C_2'	C_3'	C_4'	C_5'	C_6'	C_7'
2003	0.994 4	0.923 2	0.999 7	0.994 4	0.678 7	0.896 9	1.419 2	0.982 6
2004	0.994 4	0.863 0	1.000 0	0.982 6	0.864 4	1.027 4	1.149 7	1.002 8
2005	0.994 4	1.327 9	1.000 1	0.994 4	1.130 0	1.024 3	0.784 4	0.977 7
2006	1.016 9	0.885 9	1.000 2	1.028 8	1.327 0	1.051 4	0.646 7	1.037 0

年份	C_8'	C_9'	C_{10}'	C_{11}'	C_{12}'	C_{13}'	C_{14}'	C_{15}'
2003	0.992 1	0.836 3	0.851 1	0.881 3	0.680 3	0.640 7	0	0.993 1
2004	1.000 3	0.858 4	0.859 2	1.002 3	0.925 2	0.755 0	0	1.091 0
2005	1.002 6	1.076 6	1.072 6	1.015 0	1.142 9	1.088 9	0	0.963 9
2006	1.005 0	1.228 7	1.217 0	1.101 4	1.251 7	1.515 5	4	0.952 0

　　水资源对社会发展的承载能力除直接受自然条件影响以外，还与其开发利用程度密切相关。因此，在 16 个待选指标中，将水资源开发利用率作为第一影响因素，最先入选指标体系。以数列 C_0'，即初始化后的水资源开发利用率作为参考数列，得到绝对差数列，见表 5.3。

表 5.3　各指标绝对差值表

年份	Δ_{01}	Δ_{02}	Δ_{03}	Δ_{04}	Δ_{05}	Δ_{06}	Δ_{07}	Δ_{08}
2003	0.071 1	0.005 4	$5.42E$-05	0.315 7	0.097 4	0.424 8	0.011 8	0.002 3
2004	0.131 3	0.005 6	0.011 7	0.129 9	0.033 1	0.155 4	0.008 4	0.006 0
2005	0.333 5	0.005 7	0.000 1	0.135 6	0.029 9	0.209 9	0.016 6	0.008 3
2006	0.131 0	0.016 7	0.011 8	0.310 0	0.034 5	0.370 2	0.020 0	0.012 0

续表 5.3

年份	Δ_{09}	Δ_{010}	Δ_{011}	Δ_{012}	Δ_{013}	Δ_{014}	Δ_{015}
2003	0.158 1	0.143 2	0.113 0	0.314 1	0.354	0.994 4	0.001 3
2004	0.136 0	0.135 1	0.007 9	0.069 2	0.239 4	0.994 4	0.096 6
2005	0.082 2	0.078 2	0.020 6	0.148 5	0.094 5	0.994 4	0.030 4
2006	0.211 7	0.200 1	0.084 4	0.234 8	0.498 5	2.983 1	0.064 9

由表 5.3 可知，$\Delta_{\max} = 2.983\ 051$，$\Delta_{\min} = 5.42E\text{-}05$。计算得到比较数列对参考数列的关联系数、关联度分别见表 5.4。

将表 5.4 中各指标关联度由大到小进行排列，有 $\gamma_{03} > \gamma_{08} > \gamma_{02} > \gamma_{07} > \gamma_{015} > \gamma_{05} > \gamma_{011} > \gamma_{010}$。则与水资源开发利用率联系最为密切的前 8 个指标分别是：供水量、城市化水平、工业用水重复利用率、人均需水量倒数、人均污水排放量倒数、单位水资源灌溉面积、农田灌溉面积和人均工业产值。这 8 个指标相对于水资源开发利用率而言具有较高的关联度，是影响水环境承载力最大的因素。进一步分析由灰色关联模型得到的指标结果，在上述 9 个指标中，工业用水重复利用率反映了工业生产用水和节水情况，人均工业产值表现了社会经济发展水平，这些都体现了工业子系统对水环境承载力的影响。对于单位废水排放量工业产值这一指标而言，由于其关联度较小，因此未引入指标体系。但是考虑到工业废水是城市水环境系统中最重要的污染源之一，且对水环境承载力具有一定的贡献，于是本书参考了近年来关于城市水环境系统的研究成果，并结合专家意见，决定将单位废水排放量工业产值也作为评价指标之一，从而实现评价指标体系的全面性和完整性。最终，哈尔滨市水环境承载力评价指标体系确定为 10 个指标。

表 5.4　待选指标与参考指标之间的关联系数及关联度

年份	γ_{01}	γ_{02}	γ_{03}	γ_{04}	γ_{05}	γ_{06}	γ_{07}	γ_{08}
2003	0.954 5	0.996 4	1.000 0	0.825 3	0.938 7	0.778 3	0.992 1	0.998 5
2004	0.919 1	0.996 2	0.992 2	0.919 9	0.978 3	0.905 7	0.994 4	0.996 0
2005	0.817 3	0.996	0.999 9	0.916 7	0.980 3	0.876 6	0.989 0	0.994 5
2006	0.919 2	0.988 2	0.992 1	0.827 9	0.977 4	0.801 1	0.986 8	0.992 0
关联度	0.902 5	0.994 4	0.996 0	0.872 4	0.968 7	0.840 4	0.990 6	0.995 3

年份	γ_{09}	γ_{010}	γ_{011}	γ_{012}	γ_{013}	γ_{014}	γ_{015}
2003	0.904 2	0.912 4	0.929 6	0.826 1	0.808 3	0.600 0	0.999 1
2004	0.916 5	0.916 9	0.994 7	0.955 7	0.861 2	0.600 0	0.939 2
2005	0.947 7	0.950 2	0.986 1	0.909 4	0.940 4	0.600 0	0.980 0
2006	0.875 7	0.881 7	0.946 1	0.864 0	0.749 5	0.333 3	0.958 5
关联度	0.911 0	0.915 3	0.964 3	0.888 8	0.840 0	0.533 3	0.969 2

5.3.2　评价指标权重的确定

在筛选出的 10 个评价指标中,各指标在实现评价体系总体目标和功能上的重要程度存在差异。指标的权重系数越大,则意味着该因子对水环境承载力的影响越大,反之越小。接下来继续采用灰色关联法确定评价指标的权重。

首先,将筛选得到的 10 个评价指标组成关联数列:

$X = \{x_1, x_2, x_3, x_4, x_5, x_6, x_7, x_8, x_9, x_{10}\} =$

　　{水资源开发利用率,工业用水重复利用率,城市化水平,

　　人均工业产值,农田灌溉面积,单位水资源灌溉面积,单位

　　废水排放量工业产值,人均污水排放量倒数,人均需水量

倒数,供水量〉

然后计算两两数列之间的关联度值。即每个指标依次作为参考指标,按前述步骤计算比较指标对于参考指标的灰色关联度,得到一个关于评价指标的关联矩阵 **R**。

$$
\mathbf{R} = \begin{pmatrix}
1.0000 & 0.9681 & 0.9726 & 0.6500 & 0.8321 & 0.8434 & 0.4956 & 0.8502 & 0.9465 & 0.9774 \\
0.9701 & 1.0000 & 0.9868 & 0.6519 & 0.8360 & 0.8428 & 0.5025 & 0.8594 & 0.9317 & 0.9499 \\
0.9743 & 0.9867 & 1.0000 & 0.6557 & 0.8434 & 0.8511 & 0.5035 & 0.8588 & 0.9397 & 0.9534 \\
0.5875 & 0.5885 & 0.5875 & 1.0000 & 0.7285 & 0.6836 & 0.6208 & 0.5111 & 0.5840 & 0.5977 \\
0.8093 & 0.8093 & 0.8189 & 0.7236 & 1.0000 & 0.8982 & 0.4982 & 0.6848 & 0.8218 & 0.8041 \\
0.8673 & 0.8611 & 0.8716 & 0.7348 & 0.9422 & 1.0000 & 0.5332 & 0.7763 & 0.8862 & 0.8680 \\
0.5538 & 0.5523 & 0.5556 & 0.7228 & 0.6000 & 0.5880 & 1.0000 & 0.5095 & 0.5478 & 0.5585 \\
0.8667 & 0.8712 & 0.8715 & 0.6147 & 0.7467 & 0.7837 & 0.4832 & 1.0000 & 0.8647 & 0.8545 \\
0.9461 & 0.9276 & 0.9366 & 0.6405 & 0.8401 & 0.8575 & 0.4807 & 0.8447 & 1.0000 & 0.9462 \\
0.9769 & 0.9461 & 0.9503 & 0.6534 & 0.8251 & 0.8410 & 0.4945 & 0.8342 & 0.9455 & 1.0000
\end{pmatrix}
$$

求出关联矩阵 **R** 中各行平均值 $\overline{\gamma_i}$,再将 $\overline{\gamma_i}$ 进行归一化处理,最终得到各指标权重,见表 5.5。

表 5.5　哈尔滨市水环境承载力评价指标权重

指标	X_1	X_2	X_3	X_4	X_5	X_6	X_7	X_8	X_9	X_{10}
权重	0.107 6	0.107 5	0.108 0	0.081 7	0.099 1	0.105 1	0.078 0	0.100 2	0.106 1	0.106 7

至此,哈尔滨市水环境承载力评价指标体系确立。

5.3.3　水环境承载力定量计算

水环境承载力指标体系构建的目的是要用各指标值对水环境承载力进行评价。评价方法可以利用公式进行计算,也可以通过与各指标的标准值或极值等特殊值来进行比较,从而对某一地区的水环境承载力作出评价。但无论用哪种方法,其实质都是利用各种计算和分析手段对水环境承载力进行量化研究。一般来说,水环境承载力指标与经济开发活动、环境质量之间的数量关系本身很复杂,确定起来很困难。另外,所选取的指标不仅与人类的经济活动有关,还可能受许多偶然因素的影响。这些都给水环境承载力的量化带来一定困难。

近几年来,我国学者通过对水环境承载力的一系列研究,获得了较大进展和一定成果,对水环境承载力的量化评价方法多是从水资源系统评价或生态和环境评价方法中改进移植而来。归纳起来主要有类比分析法、指数法、灰关联分析方法以及模糊综合评价法等,其中指数评价法是目前环境承载力量化评价中应用较多的一种方法。该方法根据各项评价指标的具体数值,应用统计学方法或其他数学方法计算出综合环境承载力指数,进而对环境承载力进行评价。用于计算环境承载力指数的方法有向量模法、模糊综合评价法等。

如前所述,模糊综合评价法的不足在于模型本身,其取大取小的运算法会遗失某些有用信息,且评价因素越多,遗失的信息就越多,信息利用率就越低,误判的可能性也就越大。而向量模法虽简单易行,但在给各项指标赋权重时,一般采用均权数法或者人为方法,从而使结果受人为因素影响严重。本书利用灰色关联分析法确定指标权重,客观真实地反映了各影响因素对水环境承载力的重要程度,正好弥补了向量模法受主观因素影响的不足。因此,本书采用向量模法来量化评价水环境承载。

设在一定规划期内(如现状水平年、近期、远景)有 m 个用于提高水环境承载力的方案,那么对应于这些方案就有 m 个水环境承载力。不妨假设这 m 个水环境承载力为 $B_j(j=1,2,\cdots,m)$,再设每个水环境承载力由 n 个具体指标确定的分量组成,即

$$\boldsymbol{B}_{ij} = [\boldsymbol{B}_{1j}, \boldsymbol{B}_{2j}, \cdots, \boldsymbol{B}_{nj}] \tag{5.1}$$

由于水环境承载力各个分量的量纲不同,必须对其进行归一化处理后才能进行比较。则经过归一化处理后得到

$$\overline{\boldsymbol{B}_{ij}} = [\overline{\boldsymbol{B}_{1j}}, \overline{\boldsymbol{B}_{2j}}, \cdots, \overline{\boldsymbol{B}_{nj}}] \tag{5.2}$$

其中

$$\overline{\boldsymbol{B}_{ij}} = \boldsymbol{B}_{ij} / \sum_{j=1}^{m} \boldsymbol{B}_{ji} \tag{5.3}$$

将各项指标的权重考虑其中,则水环境承载能力的大小可以用归一化后的矢量模来表示,即

$$|\overline{\boldsymbol{B}_{ij}}| = \sqrt{\sum_{j=1}^{m} (\overline{\boldsymbol{B}_{ij}} \boldsymbol{W}_{ij})^2} \tag{5.4}$$

式中 $\boldsymbol{W}_{ij}$—— 第 j 个水环境承载力中第 i 个指标的权重。

5.4 哈尔滨市水环境承载力系统
动力学模型构建与仿真

5.4.1 系统分析与划分

城市水环境系统内部结构复杂,涉及因素众多,它不仅受到自然条件的制约,而且还与社会、经济、技术、人口、政策等许多社会因素紧密相关。一方面,水资源量对工业、农业和人口具有支撑作

用,水资源量越大,越能促进它们的发展;另一方面,经济发展和人口增长不仅加大了废水排放量,同时也提供了更多的资金和更先进的技术用于水资源开发和污水治理,从而使可供水资源量和回用水量相应增加。另外,工业和农业节水力度的加大,在一定程度上使水资源量亦有所"增加"。

城市水环境系统错综复杂的内部结构和充满变数的发展形势,使我们很难从各因素之间的关系中直接分析出系统的运行机制。针对这一问题,本文采用演绎和归纳相结合的方法剖析系统结构。首先根据系统涉及的内容及其特性把整个系统划分为若干个子系统,分别对各个子系统作深入分析,然后研究子系统之间的相互关系,再将各子系统归纳综合起来进行考虑,最终对所要研究的大系统实现模拟仿真。

5.4.2　系统边界的确定

城市水环境系统与外界之间存在着能源、物质和信息的交流,不是一个封闭的系统。为了便于分析与研究,更好地体现出研究对象的主要内容,需要将系统与周围环境做适当隔离,划定系统的边界。

从系统动力学角度划分系统的边界,应包含构成系统的主要实体,以及这些实体变量之间构成的反馈机制,实际操作中应以边界内系统的整体变化为研究核心。系统边界的划分一定要保证反馈结构的完整性,如果无法做到,则说明系统边界设定不当。

根据系统边界的划定原则,将与系统发展联系紧密,且对所研究问题会产生较大影响的因素设定在边界以内,将无影响或影响较小的因素剔除出去,保证在系统不失真、且能得到基本描述的前提下,使系统规模有所简化。据此,我们将城市水环境系统的边界定义为研究对象所在的区域,即哈尔滨市行政规划区,并以边界内系统的整体变化为研究核心,着重分析影响水环境承载力的关键因素及其相互作用关系。

5.4.3 系统结构分析

在划定系统边界的基础上,根据水环境系统与社会经济系统之间的关系,结合建模目的,将系统分为 5 个子系统:人口及生活用水子系统、农业及农业用水子系统、工业及工业用水子系统、水资源子系统、污水处理子系统。

1. 人口及生活用水子系统

人口及生活用水子系统是一个复杂的时变系统,包含两个状态变量:总人口和城镇人均生活需水量。其中,人口变化综合考虑了出生率、死亡率、迁入率和迁出率,可用人口增长率一个变量来综合表述,以表函数形式输入。农业人口和非农业人口由总人口、城市化水平共同决定。所谓城市化是指人类生产和生活方式由乡村型向城市型转化的历史过程,表现为乡村人口向城市人口转化以及城市不断发展和完善的过程。衡量城市化发展程度的数值指标一般用一定区域内城市人口占总人口的比例来表示。

在过去的 20 年间,哈尔滨市行政区划范围曾有过 3 次重大调整,导致市区人口数变化较大。1995 年哈尔滨市全市人口 937.27 万人,其中农业人口达到 609.94 万人。2000 年全市人口达到 941.33 万人,农业人口数量大幅下降,至年末已降到 536.99 万人。2006 年,哈尔滨市全市人口增至 980.4 万人,农业人口 507.2 万人,城市化水平较 1995 年增加了 38％,说明哈尔滨市城市化建设和经济发展速度正在不断提高,城市化进程稳步前进。1995～2006 年哈尔滨市城市化水平变化情况如图 5.2 所示。

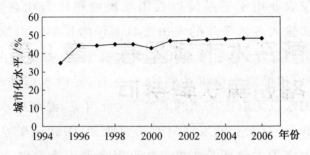

图 5.2　1995～2006 年哈尔滨市城市化水平增长曲线

由图 5.2 可知,1995～2006 年间,哈尔滨市城市化水平呈缓慢增加的趋势。其中,1996 年增幅较大,这是由于该年松花江地区经国务院批准划归哈尔滨市,行政管辖区域由原先的 7 区 5 县(市)变为 7 区 12 县(市),导致区划范围内人口结构发生较大变化。2000 年城市化水平不增反降的现象可能与当年人口迁出、迁入数量变化较大有关。哈尔滨市近 10 年来的城市化水平变化情况,结合哈尔滨市城市发展规划,预测到 2010 年和 2020 年,哈尔滨市城市化水平将分别达到 52％和 70％。

生活总需水量分为农村生活需水和城镇生活需水,前者采用综合分析定额法来计算,后者通过人口数和人均生活需水量来表示。一方面,人口数量的增加必然引起生活需水量的变化,进而影响总需水量的大小;另一方面,随着城市化进程的加快,城市人口数量快速增长,而城市与农村的人均生活需水量具有较大差异,导致生活需水量受城市方面的影响越来越大。反之,生活需水量的增加,使生活用水供需差额加大,人口增长率降低,最终对人口数量产生影响。

2.农业及农业用水子系统

农业及农业用水子系统以农田灌溉面积作为状态变量,利用表函数形式输入各水平年的农田灌溉面积增长率。根据哈尔滨市历史统计资料显示,哈尔滨全市年用水量中,农业用水占到80%,其中,用于农田灌溉水量可达到94%左右,尤以水田灌溉为主,而林牧渔业用水仅为农业用水的6%。由此可见,灌溉用水占农业用水的绝大部分,对农业的发展具有重要意义,因此该子系统仅以农田灌溉用水作为主要研究对象,农业用水采用定额法来表示。哈尔滨市每年都投入大量资金用于灌区工程建设,其中一部分用于防汛抗旱,另一部分用于推广低压管灌、浅型灌溉、滴灌等多种节水灌溉技术,这不仅在一定程度上降低了用水定额,提高了灌溉保证率,同时也增加了大量农田灌溉面积,使得哈尔滨市农业用水呈稳步增加的趋势。农田灌溉面积的增加使农业需水量加大,农业用水短缺严重,进而影响哈尔滨市的农业发展;随着节水力度的加大,农田灌溉用水定额逐步减少,农业需水量降低,供需差额减小,从而缓解了农业用水不足对农田灌溉面积增长的影响。

哈尔滨市农田灌溉面积呈逐年增加的趋势,多年平均增长率为8.6%,2006年农田灌溉总面积达到38万公顷。农业总产值从1990年的28.28亿元,增加到2006年的476.9亿元。根据《黑龙江省用水定额标准》(DB23/T727—2003)中的有关规定,哈尔滨市全市涉及3个农业灌溉分区,综合3个分区的农田灌溉定额,得上限为0.75万t/公顷,而哈尔滨市目前的单位农田灌溉面积用水量高达1.2万t/公顷,已远远超出定额标准。

3.工业及工业用水子系统

系统选用工业总产值作为状态变量,反应了哈尔滨市的经济发展水平。工业需水量由工业总产值和万元产值需水量共同决定,因此,工业产值的变化直接关系工业用水量、需水量以及排放量的多少。万元产值需水量受重复利用率影响较大。社会经济发展迅速,工业总产值增加,引起工业需水量增加,供需比减小,反过来影响工业的发展速度;生产工艺的不断改进、节水措施的积极实施、科学技术逐步提高使得工业用水重复利用率不断提高,耗水量和取水量日益减少,工业万元产值需水量下降。

哈尔滨市优化产业结构,加快经济发展步伐,实现国内生产总值大幅增长。其中,工业总产值已从 2001 年的 1 101 亿元增至 2006 年的 1 910.6 亿元,年均增长率达 11.65%。

4.水资源子系统

将哈尔滨市多年平均水资源量设定为常量,则供水量的大小完全取决于水资源开发利用程度的高低。水资源在农业、工业和生活子系统中的配置情况通过分配系数来表示,从而可以更真实客观地表现出各用水系统的供需水差额,变相反应了水环境系统对工农业发展和人民生活条件的承载能力。水资源子系统中的可供水量除考虑地表水、地下水之外,还可将回用水也纳入供水水源中。

哈尔滨市多年平均水资源量为 114.24 亿 m^3,根据水资源开发利用程度的概念,本文用供水量与水资源总量之比来表示哈尔滨市水资源开发利用率。目前,哈尔滨市水资源开发利用率已达到 44%,其中地下水多年平均开采程度为 42.2%,占全市总供水量的 30% 左右。

5.污水处理子系统

整个水污染子系统中包含污水产生量、处理量、回用量等变量,其中污水产生量受用水量和废水产生系数的影响,处理量和回用量分别由处理率和回用率直接决定。由于农村用水比较分散、耗水量比较大,且很难收集到相关的数据,因而本文不考虑农村生活污水。工业的发展、人民生活水平的提高使工业、生活用水量及污水排放量不断增加,且严重影响了受纳水体的水环境质量;与此同时,随着废水处理工艺的成熟和完善,废水处理率和回用水水质的提高使得越来越多的中水回用于工农业生产。

2001 年,哈尔滨市市区工业废水排放量为 3 899.07 万 t,所辖市(县)工业废水排放量为 2 160.36 万 t,全市生活污水排放量为 2.11 万 t。2006 年,全市污水集中处理率达到 50%,工业废水达标排放率为 76.3%。污水回用方面,哈尔滨市中水设施建设起步较晚,落后于其他兄弟省市,直至 2006 年哈尔滨市废水回用率仅为 7%,大量污水外排,对水环境质量造成较大影响。

通过系统结构分析可知,上述几个子系统之间,以及子系统内部各因素之间相互联系、相互作用、相互制约,构成多个复杂时变的反馈回路,共同影响水资源供需状况的变化。

5.4.4　模型的建立

为描述各子系统内部结构及其相互关系,利用 Vensim 软件绘制哈尔滨市水环境系统 SD 流图。

　　在流图建立的基础上,用数学方程反应系统各变量之间的关系。本文建立的哈尔滨市水环境承载力系统动力学模型,时间跨度为 2001~2020 年,以 2001 年各变量的现状值为初始值。模型中采用了 55 个变量和参数,建立了近 60 个数学方程。

　　模型主要方程如下:

　　城镇居民生活需水量＝城镇人均生活需水量×城镇人口×365

　　城镇人口＝总人口×城市化水平

　　废水处理量＝废水处理率×废水总量

　　废水总量＝工业废水产生量＋生活污水产生量

　　工业产值增长量＝IF THEN ELSE(工业供水紧张程度<＝0.05,

　　工业产值增长率×工业总产值/100 ,工业产值增长率×工业总产值×(1－工业供水紧张程度×4×0.01)/100)

　　工业废水排放量＝工业废水产生系数×工业用水量

　　工业供水紧张程度＝工业用水供需差额/工业需水量

　　工业供水量＝工业配水系数×供水量

　　工业配水系数＝0.089

　　工业需水量＝工业总产值×工业万元产值需水量

　　工业万元产值需水量＝ WITH LOOKUP (工业用水重复利用率,

　　(((60,0)－(100,48)),(70,46),(75.2,38),(80,25),(90,10)))

　　工业用水量＝MIN(工业供水量,工业需水量)

　　工业总产值＝ INTEG (工业产值增长量,1101)

工业用水供需差额＝IF THEN ELSE（农业供水量－农田灌溉总需水量＞＝0，

0，农田灌溉总需水量－农业供水量）

回用水量＝废水处理量×废水回用率

供水量＝水资源开发利用率×水资源总量

农村人口＝总人口－城镇人口

农村生活需水量＝农村人口×农村人均生活需水量×365

农田灌溉面积＝INTEG（农田灌溉面积增长量，264.88×1 000）

农业配水系数＝0.76

城镇人均生活需水量减少量＝影响系数2×城镇人均生活需水量

城镇人均生活需水量增加量＝影响系数1×城镇人均生活需水量

水资源总量＝114.24×10 000

生活配水系数＝0.106

生活总需水量＝城镇居民生活需水量＋农村生活需水量

总人口＝INTEG（人口增长量，941.1）

城镇人均生活需水量＝INTEG（城镇人均生活需水量增加率－

城镇人均生活需水量减少率，231.233）

城镇人均生活需水量＝INTEG（城镇人均生活需水量增加量－城镇人均生活需水量减少量，231.233/1 000）

将上述方程中各变量与流图相对应，得到表5.6。

表 5.6　主要模型变量对应表

流图变量	方程变量	单位
total population	总人口	万人
growth of population	人口增长量	万人/年
urbanization level	城市化水平	Dmnl
urban domestic water demand	城镇居民生活需水量	万 t
urban population	城镇人口	万人
decrease of per capital average urban domestic water demand	城镇人均生活需水量减少量	（万 t/万人）/年
growth of per capital average urban domestic water demand	城镇人均生活需水量增加量	（万 t/万人）/年
Per capita average urban domestic water demand	城镇人均生活需水量	万 t/万人
influence coefficient 1	影响系数 1	fraction/年
influence coefficient 2	影响系数 2	fraction/年
total industrial output value	工业总产值	亿元
growth of industrial output value	工业产值增长量	亿元/年
growth rate of industrial output value	工业产值增长率	fraction/年
industrial wastewater	工业废水排放量	万 t
industrial water shortage strain	工业供水紧张程度	Dmnl
industrial water supply	工业供水量	万 t
industrial water distribution coefficient	工业配水系数	Dmnl
industrial water demand	工业需水量	万 t
industrial water demand per ten thousand yuan output	工业万元产值需水量	万 t/亿元
industrial water consumption	工业用水量	万 t
difference between industrial water supply and demand	工业用水供需差额	万 t

续表 5.6

流图变量	方程变量	单位
industrial wastewater generation coefficient	工业废水产生系数	Dmnl
water reuse efficiency in industry	工业用水重复利用率	Dmnl
rural population	农村人口	万人
per capita average rural domestic water demand	农村人均生活需水量	万 t/万人
rural domestic water demand	农村生活需水量	万 t
farmland irrigation area	农田灌溉面积	公顷
growth of farmland irrigation area	农田灌溉面积增长量	公顷/年
farmland irrigation water demand	农田灌溉总需水量	万 t
agricultural water supply	农业供水量	万 t
agricultural water distribution coefficient	农业配水系数	Dmnl
volume of treated wate	废水处理量	万 t
treated rate of waste	废水处理率	Dmnl
total volume of wastewater	废水总量	万 t
reuse rate of wastewater	废水回用率	Dmnl
domestic water distribution coefficient	生活配水系数	Dmnl
domestic water demand	生活总需水量	万 t
domestic wastewater	生活污水产生量	万 t
quantity of reuse water	回用水量	万 t
total water resources	水资源总量	万 t
exploitation rate of water resources	水资源开发利用率	Dmnl
water supply quantity	供水量	万 t

　　鉴于篇幅有限,本文主要列举了工业子系统中供水、需水和用水的模型方程。生活和农业子系统中的模型在形式上与工业子系

统基本一致,在此不再赘述。有关影响系数 1、影响系数 2 和工业用水重复利用率等变量的表函数设立过程详见模型参数确定部分。

5.4.5　模型参数确定

参数确定在系统动力学模型的构建中是最困难的部分,除去一些可定量表达的变量以外,还有一些变量是反映人们的意识或政策变化的,难于定量。因此,准确地确定参数,是真实反映变量之间耦合关系的关键。但是从实际应用的角度来看,多个变量之间的这种相关性并不是仅通过某几个参数就能精确表达的,单纯要求参数的精准度,这不仅在一定程度上增加了工作量,而且容易钻牛角尖。由此可见,参数的选定应该遵循一定的原则,不够准确或过于追求参数的精确度都不是最佳选择。一般来说,模型结构是决定模型行为的主要因素,模型行为模式主要取决于模型结构,而不是参数值的大小。因此,以统计学可信度的概念来估计系统动力学模型的参数意义不大,而且系统动力学模型对参数精度的要求不像其他系统工程方法要求那么高,只要能满足建模要求与目的就可以了。

系统动力学模型需要确定的参数有 3 类:初始值、常数值和表函数,估计方法大体遵循以下两种思路:

(1)对于能够通过调查、统计或整理得到的一手资料,可以运用各种统计和预测技术来估计参数,如趋势推算法、取平均值法、灰色系统方法以及回归分析法等。

(2)对于缺乏历史数据的参数,则主要根据系统的实际情况做出合理估计,或利用专家知识及有关部门的评估决定参数的取值,也可以粗略试用该参数的一些可能值进行模拟试验,直至模型行为无明显变化时就把它确定为该参数值。另外,复杂系统中某些参数的变化对长期结果影响较小,一般采用合理的估计值就能满足要求。

表函数是系统动力学特有的变量表达方式,用于建立两个变量之间的非线性关系,特别是软变量之间的关系。其原理是对给出的样本点直接进行读取,若自变量值不在给出点中,则自动用线性插值法求因变量对应值。表函数的建立往往是一个定性与定量相结合反复分析的结果。要建立一个具体的表函数,必须考虑所涉及的自变量、因变量的实际背景,再仔细研究其包含的一般数学问题及一般统计问题,进行深层次的量化分析,最后得出能反应变量间一般关系规律的量表。表函数的建立一般遵循以下步骤:确定变量变化范围及取值间隔,这里的自变量间隔不一定要求均匀;根据变量间因果关系极性来确定函数的变化趋势;找出特殊点,如极值点、参照点、临界点等;确定斜率,即非特殊点的变化情况。

鉴于对参数估计方法的了解与掌握,在查阅哈尔滨市统计年鉴、公报及城市规划资料的基础上,结合专家意见,对系统模型中的参数进行了合理分析,下面就主要变量的确定过程作以简单介绍。

1. 水价对城镇居民人均生活需水量的影响

根据需求理论和国内外的研究结果,城镇居民生活日用水量受到水价、节水意识、节水管理、生活习惯和人均可支配收入等因素影响。陈晓光等运用了北方 28 个样本城市从 1997~2000 年的城市用水数据,建立计量模型来分析城市居民用水量的影响因素并得到如下结论:①水价的提高会减少城市居民用水数量;②家庭人口越多,在一定程度上就会显著减少人均用水量;③城市用水人口素质越高,人均年用水量越多。由于影响因素众多、关系复杂,且大多数因素难以量化,因此在实际应用中不能仅用一个函数来准确表示居民生活用水量的变化情况。为了简化模型便于系统的调试和控制,选取水价和人均可支配收入作为影响居民日用水量的关键因素。一方面,水价上涨意在调控人们的用水行为,起到节约用水、合理配置水资源的目的;另一方面,人均收入直接影响了生活质量和生活习惯,从而改变了居民对生活用水的需求。由此可见,城市用水量呈现出的增长或是下降的现象应是二者综合作用的最终结果。

　　根据魏丽丽等人对哈尔滨市居民生活用水情况的分析可知,居民生活用水的价格弹性为-0.105,即实际水价上涨 1 倍,用水量将下降 10.5%;收入弹性为 0.424,即人均可支配收入增长 1%,用水量将增长 0.424%。由此可见,水价和收入的变化共同决定了人均生活用水量的增减率,为此我们将人均生活用水量设为一个状态变量,用速率变量来分别反应水价、收入与状态变量之间的正、负相关性,设定影响系数 1 和影响系数 2 分别为人均可支配收入和水价增长率的表函数。将上述价格弹性和收入弹性作为参考值,经过反复调试后得到两个表函数如下:

　　影响系数 1＝WITH LOOKUP(人均可支配收入增长率,

　　(((0,0)－(0.6,0.1)),(0,0),(0.009 174 31,0.014 912 3),

(0.023 853 2,0.036 72),

　　　　(0.042 201 8,0.044 298 2),(0.056 880 7,0.044 736 8),(0.

104 587,0.053 070 2),(0.119 26,0.052 631 6),(0.141 284,0.

060 964 9),(0. 181 651,0. 059 649 1),(0. 236 697,0. 057 894 7),
(0. 295 413,0. 068 421 1),(0. 482 569,0. 067 982 5)))

影响系数 2＝WITH LOOKUP（水价增长率，

(((0,0)−(1.5,0.1)),(0,0),(0. 087 156,0. 053 88),(0. 155
963,0. 050 438 6),(0. 233 945,0. 053 947 4),(0. 330 275,0. 053
947 4),(0. 458 716,0. 056 140 4),(0. 651 376,0. 056 578 9),
(0. 908 257,0. 057 456 1)))

2.工业万元产值需水量

重复利用率是重复用水量占总用水量的百分比,重复利用率是决定工业用水量的一个综合指标,在工业结构不发生根本变化的情况下,重复利用率越高,万元产值用水量越低。在我国目前经济状况条件下,在短期内,工业结构、工艺和设备不会有大的变化,只有通过提高重复利用率才能达到节水、发展工业的目的。

孙新新在《城市水环境承载力研究》中建立了火电工业和一般工业万元产值用水量与重复利用率之间的表函数,并认为二者之间是呈负线性相关的关系。肖伟华在《基于系统模拟的城市节水评价与管理研究》中则将工业万元产值用水量与重复利用率之间的递减关系描述为指数型。由实际情况可知,工业生产过程中需要一定量的用水来保证生产的稳定进行,因此,即便是工艺改进或是节水技术提高促使工业用水重复利用率增加,也都是在提供足够生产用水的基础上实现的。所以,当重复利用率再进一步提高时,工业万元产值用水量也不会有大幅度的降低,由此可知,指数型的表函数更能真实反应二者之间的关系。由哈尔滨市近几年的统计资料得到工业万元产值用水量与重复利用率值之间的关系,如图 5.3 所示。

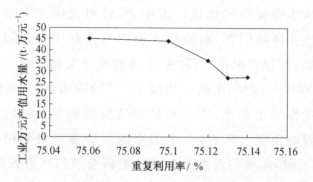

图 5.3　哈尔滨市工业万元产值用水量随重复利用率变化图

由图 5.3 可知,工业万元产值用水量与重复利用率之间并不是呈线性关系,当重复利用率增加到 75.13% 时,曲线趋于平缓,这与前述分析结果一致。在综合考虑其他学者关于二者关系认识的基础上,结合模型调试结果,得到工业万元产值用水量关于重复利用率的表函数如下:

工业万元产值需水量＝WITH LOOKUP（重复利用率,((（60,0）－（100,48）),(70,46),(75.2,38),(80,25),(90,10)))

3.水资源开发利用率

水资源过量开采会导致生态环境恶化。流域水资源开发利用量需在一定的范围内,亦即河流水资源开发必须保证一定的生态环境用水量,流域生态系统功能才不会退化和消失。流域水资源利用量的阈值和范围没有固定的结论,取决于自然条件、经济发展水平和对生态环境的重视程度。根据联合国刊印的《全面评价世界淡水资源》报告,曾对用水紧张程度进行分类,认为水资源开发利用率超过 40% 时属于用水高度紧张的地区,区域内将出现严重的水荒。所谓地表水资源水开发利用程度是地表水源的可供水量与当地地表水资源量的比值。近年来,针对我国水资源开发利用中出现的生态环境问题,对流域水资源开发利用量的问题有很多见解。例如,有学者根据"国际上江河水流开发利用量一般保持在总流量的 25%～30%,最高不超过 40%"的说法,认为要保留 60% 以上的流量作为生态水,用于养护流域湿地和生态环境。从水资源合理配置的角度上来看,一个国家的水资源开发利用率达到或者超过 30%时,人类与自然的和谐关系将会遭到严重破坏,需要格外谨慎。

水资源开发利用率可以用供水量与水资源总量的比值来表示,通过查阅哈尔滨市水资源公报和统计年鉴,收集各水平年的供水量,计算得到水资源开发利用率,采用表函数形式将参数输入模型。

水资源的开发利用程度主要受自然地理、生态环境、科学技术及社会经济发展水平等因素的影响,只有在满足河道内生态环境用水,并兼顾下游用水的前提下,通过经济合理、技术可行的各种工程措施开发得到的水资源才可供人们使用。区域水资源合理开发的最大可利用程度具有动态性、相对极限性和模糊性。水资源的开发利用程度是随着社会需求的增长和经济技术水平的提高而不断增加的,但这种增加是有阈限的。区域水资源的开发总是在一定自然条件和社会经济技术水平约束下进行的,在整个时间进程中,呈现出阻尼因子作用下的增长模式。用 LOGSITIC 模型可以表示为

$$\frac{\mathrm{d}W_t}{\mathrm{d}t} = R_t \cdot W_{t_0} \cdot \left(1 - \frac{W_t}{Q_{\max}}\right) \tag{5.5}$$

式中　　W_t——水资源在整个开发过程中 t 阶段的开发利用状态
　　　　量；

　　　　W_{t_0}——水资源开发利用的起始状态量；

　　　　R_t——水资源开发利用在第 t 时段内的增长率；

　　　　Q_{max}——水资源开发阈值。

水资源开发利用的总体模式可用图 5.4 来描述。

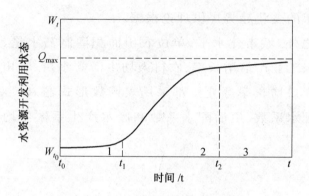

图 5.4　水资源开发利用总体模式

设 t_1,t_2 为曲线的两个拐点，t_1,t_2 则将曲线分为 (t_0,t_1)，(t_1,t_2)
和 (t_2,∞) 3 个部分，分别对应着水资源开发过程连续而递进的初
始阶段、过渡阶段和饱和阶段：① 在初始阶段，水资源开发规模小，
开发程度低，利用率低，发展缓慢，工农业及整个经济属于耗水型，
谈不上水资源综合管理，但水资源开发潜力巨大；② 在过渡阶段，
水资源开发已经具有一定的规模，开发方式由初始阶段的广度开
发逐渐向深度开发转变，经济类型由耗水型逐步向节水型过渡，并
开始重视水资源综合管理，水资源的进一步开发仍具有较大的潜
力；③ 在饱和阶段，水资源开发程度已经接近于阈值，进一步开发
的潜力很小，开发方式以深度开发为主，利用率高，工农业以及整

个经济类型以节水型为主,并且水资源综合管理已达到相当的水平。现阶段国内大部分区域的水资源开发利用都属于过渡阶段。

目前,哈尔滨市地表水和地下水开发利用率已分别达到 48%和 70%,地表水开发已经超出限值。为保证河流生态环境用水的基本需要,我们以加大地下水资源利用量为水资源开发主体,仍以40%作为哈尔滨市地表水开发利用上限,为预测水环境承载力在未来水平年的变化趋势提供理论根据。

除此之外,城市化水平、单位农田面积灌溉需水量、废水处理率、回用率、工业产值增长率、农村人均生活需水量、农田灌溉面积增长率和人口增长率等变量都采用表函数形式输入。对于常量,如工农业配水系数、生活配水系数和废水产生系数等均采用多年平均值。

5.5 模型的检验

如前所述,所谓模型只是实际系统的简化与代表,不能与实际系统完全一样,因此模型建好后,在进行系统仿真或政策分析之前首先要进行有效性检验。SD 模型的检验可以从直观检验、运行检验、历史检验 3 个方面进行。

模型的直观检验,是建模者根据其所掌握的知识和有关信息对模型的边界划分、因果关系、变量定义、系统流图和动力学方程的正确性作出判断,考察模型的结构与实际系统是否相像,模型中的速率变量、状态变量和反馈结构是否拟合了实际系统的主要特征等。模型的运行检验,是将建立的模型用计算机语言表达后在计算机上运行,借助软件提供的编译纠错功能和跟踪功能来检验模型的表达正确性,并通过观测运行结果来判断模型合理与否。

本论文利用 Vensim 仿真软件中的"Check Model"和"Unist Check"功能进行模型的直观检验和运行检验。检验结果表明,模型结构合理,变量量纲一致,模型界限划定合适,基本满足模型检验要求。

历史检验指模型仿真行为对系统历史数据拟合程度的检验。将历史参数输入模型进行仿真运行,所得结果与系统实际发生的行为数据进行比较,验证其吻合程度,为模型行为模拟的可靠性和准确性作出判断。根据历史数据统计的准确性和变量在模型系统中的重要性,本文主要对总人口、工业总产值以及工业、农业和生活用水量 5 个变量进行历史检验,时间跨度为 2003～2006 年,结果见表 5.7。

从历史检验结果来看,除工业用水量在 2003 年和 2006 年的模拟结果误差较大,分别达到 18% 和 10% 以外,其他变量模拟值与现实值的误差均小于 6.5%,说明哈尔滨市水环境承载力 SD 模型模拟结果与资源－社会－环境系统发展的实际状况基本一致,模型具有较好的可靠性,能够用于预测实际系统未来的发展变化趋势。对于模拟误差较大的个别变量,究其原因是由于该变量的历史数据在统计过程中本身就存在误差而造成的。考虑到大多数模拟结果精度较高,且 SD 模型的考察重点是研究系统的发展变化趋势,因此虽然个别数据误差较大,但仍能保证模型对未来情况模拟的可靠度。

表 5.7　模型模拟值与历史数据之间的相对误差

变量名称		年份			
		2003	2004	2005	2006
总人口 /万人	模拟值	956.86	969.54	974.14	979.72
	历史数据	954.3	970.2	974.8	980.4
	相对误差/%	−0.268 6	0.068 0	0.068 1	0.069 3
工业总产值 /亿元	模拟值	1 299.20	1 333.07	1 671.94	1 908.18
	历史数据	1 300.5	1 334.8	1 674.1	1 910.6
	相对误差/%	0.100 29	0.129 47	0.129 10	0.126 47
生活用水量 /亿 t	模拟值	5.328 15	5.328 15	5.328 15	5.447 67
	历史数据	5.328 15	5.25	5.41	5.13
	相对误差/%	−1.103 48	−1.488 6	1.512 87	−6.192 4
农田灌溉用水 量/亿 t	模拟值	38.201 9	38.201 9	38.201 9	39.070 1
	历史数据	36.990 0	36.72	37.3	39.43
	相对误差/%	−3.276 17	−4.035 6	−2.417 9	0.912 81
工业用水量 /亿 t	模拟值	4.473 64	4.473 64	4.473 64	4.575 31
	历史数据	5.51	4.44	4.26	4.14
	相对误差/%	18.808 7	−0.757 6	−5.015	−10.515

5.6　方案设计与模拟

系统动力学模型最大的特色在于其可作为政策模拟的实验室,协助决策者或管理者从事政策评估工作,以事先了解系统因政策实施可能产生的变化。这一点可以通过改变模型参数,即可控变量来实现。所谓可控变量是指系统模型中系统行为的关键变量,主要用来调节系统的动态行为,对系统进行控制,使模型动态行为尽可能地接近系统所设定的目标。

模型中的速率变量和一些外生变量可以被看作可控变量,如反应经济发展趋势的工业产值增长率,体现政府调控机制的用水价格等。将这些变量的数值依照实际情况给予修正或重新赋值后,对系统进行模拟,观察系统因参数调整而引起的变化,并检验各参数的敏感性,以便发现对系统影响较大的调控变量,为决策者拟定政策方案提供依据。

由于哈尔滨市目前面临严重的水环境危机,因此,制定科学合理且经济可行的水环境可持续发展方案已成为当务之急。由前述理论可知,方案的设计不是对系统结构的全面规划,而是通过一系列的参数调控来实现的。根据系统动力学具有政策仿真实验的特性,结合哈尔滨市实际情况及发展规划,选择工业生产总值增长率、水价和人均可支配收入变化率等多个变量作为系统调控参数,拟定 5 种方案进行仿真模拟,具体方案如下。

方案 1:保持现有状况不变,在不考虑任何开源节流措施,亦不提高污水处理水平和回用率的同时,维持当前社会经济发展水平。工业产值增长率、人口增长率、城市化水平、工业用水重复利用率等变量均延续现状年情况,略有增加。

方案 2:采用先进的水资源开发利用技术,加大水利建设投资,提高水资源开发利用率,增加可供水资源量。由地表水开发利用限值可知,在保证生态环境平衡的前提下,地表水资源的开发利用程度不应超过 40%,而地下水开采也应适量,以避免因超采而发生大面积地漏,本方案选择 80% 为地下水开发限值。由于哈尔滨市供水资源中地表水占 2/3,地下水占 1/3,经计算可知,到 2020 年,全市水资源综合开发利用率将达到 60%。

方案 3:在现有水资源供应能力的基础上,采取一系列节水措施来减少需水。一方面,随着节水技术的进步,以及工业用水重复利用率和农田有效灌溉系数的提高,工业万元产值需水量和农田灌溉定额会逐年减少。另一方面,虽然人均生活需水量会随着人民生活质量的提高而增加,但是由于人们节水意识的提高和节水设施的大量使用,这一增幅较现状年将有所减少。按照国家相关政策,城市水价的调整要"小步快跑",每 3 年调整一次,每次价格调整的幅度大致为原水价的 10%。由此可以推算出,到 2010 年和 2020 年,水价增幅将分别达到 13% 和 45%。重复利用率提高,工业万元产值需水量减少,然而这种减少是有限度的,发达国家目前重复利用率已达到 80% 的水平,因此,到 2020 年哈尔滨市工业用水重复利用率拟定为 80%。农业灌溉定额根据《黑龙江省地方标准(用水定额)》中的有关规定在前一年的基础上逐年下降。

方案 4:在方案 1 的基础上,以保护生态环境为目标,大力发展重点治污项目,提高污水处理率和回用率,减少废水产生量,增加中水回用量。根据《松花江流域水污染防治规划》,哈尔滨市在未来几年将大力发展城市污水及再生利用项目,总体目标是到 2010 年,哈尔滨市城镇污水集中处理率达到 100%,回用水率达到 15%,2020 年回用水率达到 30%。

方案 5:综合以上各方案,即在兼顾经济发展和科学技术进步的同时,将开发利用水资源、节约用水和污染治理相结合。

5.7 方案模拟结果与分析

5.7.1 工、农业及生活用水供需差额分析

将 5 种设计方案中确定的调控变量输入 SD 模型进行仿真模拟,以供需差额为输出变量,各方案下的模拟结果如图 5.5~5.7 所示。

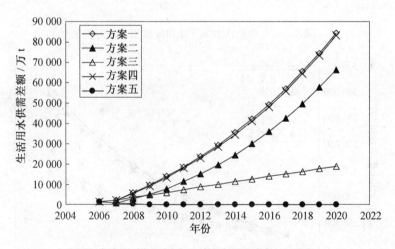

图 5.5 5 种设计方案下人民生活用水供需差额

由图 5.6~5.8 可知,方案 1 维持现状供水水平不变,造成工、农业和生活供需水差额成为 5 种方案中的最大值,且随着时间的推移这种矛盾越来越突出。以方案 1 为参照,治污、开源、节流和综合方案均能达到减少水资源供需差额的目的,且 4 种方案对供需矛盾的缓解作用依次增强。对于生活用水而言,方案 5 可以长

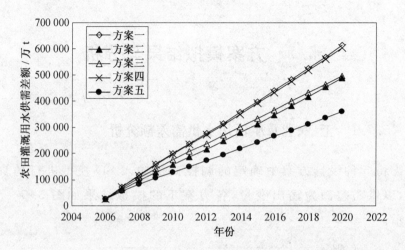

图 5.6　5 种设计方案下农田灌溉用水供需差额

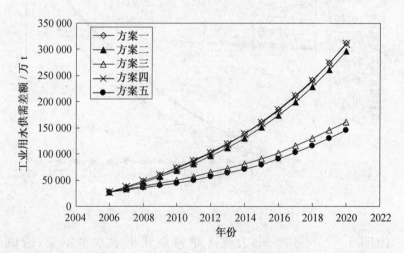

图 5.7　5 种设计方案下工业用水供需差额

时间维持生活用水供需平衡,全市生活需水可以得到满足,生活质量较高。但工农业用水状况较严峻,尽管 4 种方案都大大缩小了水资源供需差距,但是由于社会经济和农业生产的发展,工、农业需水量仍远远超出了供水水平。从哈尔滨市未来发展趋势看,加大经济投资力度,推动产业体制改革,振兴东北老工业基地等经济政策仍然是哈尔滨市城市发展的主题,生产规模也会随之不断扩大,工业产值呈逐年增加的趋势,尽管工业万元产值需水量在一定程度上有所下降,但是工业总需水量仍然会增加,供需矛盾日益突出。

　　比较 5 种方案,方案 4 对供水危机的缓解作用最小,说明环境治理和污染防治方案仅是起到了末端治理的作用,并没有从根本上解决水资源配置问题。方案 2 对生活用水和工业用水中的供需矛盾调节作用较小,而在农业方面却与方案 3 相当。这说明当农业用水缺乏时,人们更多的是增加机井数量、挖掘和疏通灌溉沟渠,加大供水量,而忽略了在农田灌溉过程中需要采取的节水措施;当工业生产和人们日常生活中出现缺水现象时,人们则更注重节水,通过改良生产工艺、使用节水设备来解决缺水现状。由此可见,仅靠加大水资源开发力度或提高污水治理水平都不能使水资源短缺程度得到缓解,且上述两种方案的实现均需投入大量人力、物力和财力,因此不予提倡。方案 3,即节流方案是仅次于综合方案的一种优化方案。作为提高水环境承载力的最直接方法,与综合方案相比,节流可以在资金投入较少的条件下,达到令人满意的可持续发展目的。

5.7.2　水环境承载力指数分析

　　不同年份不同方案下水环境承载力评价指标模拟值见表 5.8 ~5.11。

表 5.8　2007 年哈尔滨市水环境承载力评价指标模拟值

评价指标	方案 1	方案 2	方案 3	方案 4	方案 5
X_1	45	46.25	45	45	46.25
X_2	75.14	75.14	75.855	75.14	75.855
X_3	49.21	49.21	49.21	49.21	49.21
X_4	22 012.93	22 012.93	22 012.93	22 012.93	22 012.93
X_5	444.148 7	444.148 7	444.148 7	444.148 7	444.148 7
X_6	11.368 0	11.060 8	11.368 0	11.368 0	11.060 8
X_7	0.055 8	0.054 3	0.055 8	0.056 7	0.055 2
X_8	0.047 6	0.046 3	0.047 6	0.048 6	0.047 3
X_9	6.321 6	6.321 6	6.321 6	6.321 6	6.321 6
X_{10}	51.408	52.836	51.408	51.408	52.836

表 5.9　2010 年哈尔滨市水环境承载力评价指标模拟值

评价指标	方案 1	方案 2	方案 3	方案 4	方案 5
X_1	45	50	45	45	50
X_2	75.14	75.14	78	75.14	78
X_3	52	52	52	52	52
X_4	30 906.1	30 916.66	30 928.15	30 906.1	30 940
X_5	568.112 6	568.662 6	568.331	568.112 6	568.894 6
X_6	14.540 9	13.099 4	14.546 5	14.540 9	13.104 8
X_7	0.080 2	0.072 2	0.080 3	0.085 2	0.076 8
X_8	0.048 8	0.043 9	0.048 8	0.052 9	0.047 6
X_9	5.366 1	5.366 1	6.064 3	5.366 1	6.064 3
X_{10}	51.408	57.12	51.408	51.408	57.12

表 5.10　2015 年哈尔滨市水环境承载力评价指标模拟值

评价指标	方案 1	方案 2	方案 3	方案 4	方案 5
X_1	45	55	45	45	55
X_2	75.14	75.14	80	75.14	80
X_3	61	61	61	61	61
X_4	51 529.58	51 594.6	51 676.91	51 529.58	51 761.13
X_5	756.225 1	758.891 9	757.289 1	756.225 1	760.096 8
X_6	19.355 6	15.892 3	19.382 8	19.355 6	15.917 5
X_7	0.139 3	0.114 1	0.139 7	0.157 9	0.129 8
X_8	0.050 8	0.041 5	0.050 8	0.059 4	0.048 6
X_9	3.966 6	3.966 6	5.700 5	3.966 6	5.700 5
X_{10}	51.408	62.832	51.408	51.408	62.832

表 5.11　2020 年哈尔滨市水环境承载力评价指标模拟值

评价指标	方案 1	方案 2	方案 3	方案 4	方案 5
X_1	45	60	45	45	60
X_2	75.14	75.14	82	75.14	82
X_3	70	70	70	70	70
X_4	85 685.44	85 870.84	86 105.76	85 685.44	86 368.48
X_5	962.926	969.116	965.402 9	962.926	972.074
X_6	24.646 1	18.603 4	24.709 5	24.646 1	18.660 2
X_7	0.241 2	0.181 4	0.242 5	0.292 9	0.221 6
X_8	0.052 9	0.039 7	0.052 9	0.067 0	0.050 3
X_9	2.869 4	2.869 4	5.434 0	2.869 4	5.434 0
X_{10}	51.408	68.544	51.408	51.408	68.544

　　根据第 2 章介绍的水环境承载力定量方法,用归一化后的评价指标计算不同方案下各水平年的水环境承载力,结果可见图 5.8。

　　从图 5.8 中我们可以看到,方案 1 的水环境承载力指数最小,采取不同方案以后,水环境承载力都有所提高,但是不同的方案提高程度不同。

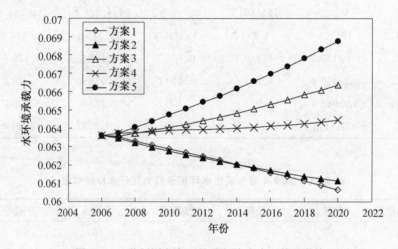

图 5.8　5 种不同方案下的哈尔滨市水环境承载力

　　方案 2 与方案 1 下的水环境承载力相差不大,到 2015 年左右,二者的水环境承载能力基本相同。2015 年以前,方案 2 下的水环境承载力反而比方案 1 要小,这是由于在不采取任何节水措施的前提下,盲目加大水资源开发利用程度不仅不会对水环境的承载能力起到正面作用,反而会给水资源生态系统带来压力。随着社会经济的发展和城市的不断进步,水需求量不断增加,此时的水资源开采利用才开始发挥了应有的作用,使得水环境承载力较方案 1 有小幅提高。

　　方案 3 通过提高水价和工业用水重复利用率,减小农田灌溉面积需水定额,有效解决了水环境承载力偏低的问题,提高幅度较大,而且呈逐年增大的趋势,增幅仅次于方案 5,这一点与前述分析结果相一致。由此我们可以看出,提高节水水平是一种成本最低,见效最快,且较容易实施的提高水环境承载力的优化方案。

　　方案 4 相对于方案 1 而言,水环境承载力有一定程度的提高,但从长远看来,这种提高似乎停滞不前,维持在一个相对稳定的状态,直到 2016 年水环境承载力才开始有上升的趋势,且增幅很小。这是由于该方案只考虑了水环境质量的治理与改善问题,并没有在取、用水源头采取任何水资源管理措施,所以这一方案对水环境承载力提高所起的作用是有限的。

　　方案 5 作为开源、节流和污染治理的综合方案,各调控变量取值如下:到 2020 年,哈尔滨市水资源综合开发利用率达到 60%,水价增幅达到 45%,工业用水重复利用率提高至 80%,污水集中处理率达到 100%,回用水率达到 30%。该条件下的水环境承载力较方案 1 提高了 1 倍以上,远远大于其他单一方案的作用。

　　综上所述,方案 5 全面考虑了当地水资源条件、节水措施和污水治理现状,既提高了水资源的供应量,又改善了水环境质量,使水环境承载力较其他方案有大幅度的提高,利于哈尔滨市经济、社会与环境协调发展,所以方案 5 为最适合方案。这一结论与实际情况相符,说明哈尔滨市水环境承载力系统动力学模型构建合理,能够作为预测城市水环境承载力变化趋势的"试验平台"。

第6章 大庆市水资源承载力核算案例

6.1 大庆市水资源特点

大庆市是一座新兴城市，1955年前还是人烟稀少的荒原，1955年起随着石油勘探等开发至今已成为人口超百万的大型城市。大庆市由于石油的开采，石油化工工业的兴起，城市建设的发展，人口的增加，过度开垦草原以及不合理的利用，草原长期超载过牧，泡沼污染等，使生态环境遭到不同程度的破坏，主要表现在以下几个方面：

（1）土地荒漠化进一步加剧。

（2）林地面积小，结构不合理，综合效益低。

（3）草原退化、沙化、盐碱化日趋严重。

（4）油田开发区植被破坏严重，环境受到污染。

（5）地面水环境进一步恶化。

（6）生态环境恶化，自然灾害频繁。

大庆市是我国最大的石油生产基地，石油开采和石油化工在国民经济中占主导地位,其产值占全市国民生产总值的 80% 以上。大庆油田已 26 年连续年产原油 5 000 万 t 以上,累计生产原油 16.24 万 t。石油化工产业不断发展壮大,主要石化产品达 120 多种。辟建的高新技术产业开发区,初步形成了以化工、计算机、食品、建材为主导的产业群体,产品品种达 2 600 余种。区域经济发展较快,综合经济实力进一步增强。2005 年,全市实现国内生产总值 1 400.7 亿元,其中第一产业 42 亿元,第二产业 1 052.5 亿元,第三产业 306.2 亿元。实现地方财政收入 33.2 亿元。城市居民人均可支配收入 9 500 元,农村人均纯收入 1 327 元。大庆市基础设施良好,邮电通信发展迅速。交通发达,滨洲铁路、让通铁路从本市穿过,公路纵横交错。教育、科研、卫生等各项社会事业得到长足发展。人们的生活水平、生活质量不断提高,社会环境良好,人民安居乐业。

6.1.1　自然状况

大庆市位于中国黑龙江省西部,松嫩平原中部,距黑龙江省省会城市哈尔滨市 159 km,地理位置处于东经 124°19′～125°12′,北纬 45°46′～46°55′ 之间,属温带大陆性季风气候,年平均气温 4.9 ℃,年活动积温 27～28 ℃,日照时数 2 658 h,无霜期 168 天,年均降雨量 43.5 mm。全市下辖 5 个区、4 个县,总面积 2.1 万 km²,总人口 262.2 万。其中,市区面积 5 107 km²,人口 122.4 万。

大庆自然资源丰富,地下有丰富的石油、天然气以及地热资源,石油储量达到 100～150 亿 t,天然气储量达到 8 580～42 900 亿 m²,地热储量达到 1 800 亿 m²。地面有优良的耕地,世界上两条最适合农作物生长的优质黑土带,其中一条在东北的松嫩平原,而大庆位于这条黑土带的腹地之中,有45万 hm^2 土地用于粮食生产,还有40多万 hm^2 土地尚待开发。江河湖泊星罗棋布,自然淡水总面积达到32万 hm^2,嫩江在境内流经长度260.96 km,松花江在境内流经长度128.6 km,使上百种鱼类、240多种鸟类得以繁衍生息。草原面积84万 hm^2,盛产以羊草为主的12种天然牧草,还有中草药、芦苇和林业资源,中草药品种150多种,芦苇面积10.5万 hm^2,森林面积13.3万 hm^2。

6.1.2 地形地貌

大庆市地处松嫩平原,全市总的地势是东北高,西南低,地形比较平坦,一般地面高程在120~160 m之间,微地形复杂,自然坡降在1/5 000~1/3 000左右。区域地貌单元简单,局部微地形发育,分布有起伏的沙丘、湖泊、沼泽地及盐碱低洼地,整个区域由江湾漫滩及阶地构成了现状的地形地貌基本特征。

6.1.3 气候气象

大庆市地处中纬度,属中温带半湿润、半干旱季风气候区。总的气候特征是:春季干旱多风,夏季雨热同期,秋季晴朗气爽,冬季寒冷漫长。多年平均气温2.2~4.4 ℃,极端最低气温−39.2 ℃,极端最高气温39.8 ℃。无霜期229天,最大冻土深2.30 m,年平均风速4.0~5.2 m/s。

6.1.4 水文地质

大庆位于松辽盆地的中部,地势平坦,东北高,西南低。大庆属于闭流区,界河嫩江和松花江干流从大庆市西南边缘流过。乌裕尔河和双阳河为无尾河,消失在大庆境内的湿地。地表水主要是自然降水径流汇聚于低洼地形成的众多自然泡沼和湿地。嫩江水在境内流经长度 260.96 km,年径流量 300 多亿 m³,灌溉面积 24.98 万 hm²;松花江在境内流经长度 128.6 km,年径流量 272.8 亿 m³。

大庆地区水资源总量为 56.4 亿 m³,其中可采储量为 31.5 亿 m³。林甸县的温泉,最大流量 37.5 t/h,水温在 39～40 ℃ 之间,长年流淌,冬季不变,既可洗浴,又可直接饮用。矿泉水质含有 17 种元素,氯化物含量为 1 144.69 mg/t,可治疗多种疾病,在全国 300 处矿泉水资源中排名第 11 位。1999 年 2 月,被命名为“林热一井”的林甸县第一口地热勘探井开闸试水,标志着我国特大地热田的发现。

从气象和水文方面来看,大庆属中温带半干旱季风气候区,本区多年平均降水量 380～470 mm,年际变化大,年内分配不均,7～9 月份的降水量占全年降水量的 70%。多年水面蒸发量 1 589～1 757 mm,蒸发量年内分配不均,秋冬季蒸发量小,春夏季蒸发量大,4～9 月份蒸发量占全年蒸发量的 87%,呈现明显北方季节性特征。

大庆市位于松辽盆地北部,是一个中新生代大型的断拗陆相沉积盆地。在漫长的地质构造运动作用下,使大庆市地下岩层形成中部为隆起构造——大庆长垣构造,西侧为凹陷构造——三肇凹陷。经钻探表明,大庆市地下含水量有第四系潜水、第四系砂砾石承压水及第三系泰康组、大安组及白垩系明水组承压含水层,各层均蕴藏着丰富的地下水资源。

6.1.5　水资源概况

地面水源主要来自天然降水、嫩江水和松花江水。天然降水多汇集在市区大小 150 多个泡沼内。嫩江水在境内流经长度 260.96 km,年径流量 300 多亿 km³,灌溉面积 24.98 万 hm²;松花江在境内流经长度 128.6 km,年径流量 272.8 亿 km³。大庆通过外引两江水资源,使得区域内上百种鱼类得以繁衍生息,迁徙鸟类达到 240 多种。

城市供水主要靠开采区域内的地下水和外引嫩江水。地下水的开采是伴随着油田开发建设同步进行的,目前地下水供水量仍占全市总供水量的 47%。由于 40 多年来对地下水的连续开采,已经形成了区域性地下水位降落漏斗,漏斗影响面积达 5 560 km²。另据监测结果表明,浅层地下水水质属 V 类或劣 V 类水体,达不到生活饮用水要求,而且深层地下水水质也有变化的趋势,如不采取坚决果断措施,地下水生态环境将继续遭受严重破坏。

6.1.6　生态环境基本特征

据最新统计,到 2005 年大庆市草原总面积 69 万 hm²,占国土面积的 32.8%,人均公共绿地 7 m²,空气质量优良,居黑龙江省第一位。"三化"草场 53.3 万 hm²,其中严重减化草场 6.7 万多 hm²,沙化草场 2 万多 hm²,退化草场 23.3 万多 hm²。草原上天然牧草有野古草、水稗、星星草等 12 种,以羊草为主。羊草草质优良,营养价值高,每公斤干草含可消化蛋白质 32～75 g,与豆科的野苜蓿营养价值相同。1996 年以来,先后被国家有关部门评为中国城市环境综合治理优秀城市、中国文明小区建设先进市、中国卫生城、中国环保模范城。

6.1.7　社会经济状况

截至 2005 年底,大庆总人口 262.2 万,市区人口总数已达 122.4 万人。

大庆有 49.5 万 hm^2 的土地用于粮食生产,还有 30 万 hm^2 的土地尚待开发。农业专家预测,若将大庆的可耕作土地全部开发利用,每年可获得 40 亿 kg 以上的粮食收成。灌溉面积 24.98 万 hm^2。

经济总量快速增长。2005 年,全年实现 GDP 1 400.7 亿元。

全市积极落实各项惠农政策,农民种粮积极性高涨,农业生产稳步增长,粮食获得历史性丰收,农村居民收入大幅提高,农村经济日益繁荣。全年完成农林牧渔业总产值 86.5 亿元,同比增长 15.2%;实现增加值 42.4 亿元,同比增长 11.0%。

工业增加值 1 171.4 亿元,同比增长 9.4%。

6.2　大庆市水资源承载力评价指标体系

水资源承载力研究涉及社会、经济、生态、资源在内的纷繁复杂的大系统,在这个大系统内既有自然因素影响,又有社会、经济、文化等因素的影响。

1.水资源的数量、质量及开发利用程度

由于自然地理条件不同,水资源在数量上有其独特的时空分布规律,在质量上也有所差异,如地下水的矿化度、埋深条件、水资源的开发利用程度及方式也会影响可利用水资源的数量。

2. 生产力水平

在不同的生产力水平下利用淡水可生产不同数量及不同质量的工农业产品,因此在研究某一地区的水资源承载能力时必须估测现状与未来的生产力水平。

3. 消费水平与结构

在社会生产能力确定的条件下,消费水平及结构层次将决定水资源承载能力的大小。

4. 科学技术

科学技术对于提高工农业生产水平具有不可低估的作用,进而对提高水资源承载能力产生重要影响。

5. 人口与劳动力

社会生产的主体是人,水资源承载能力的对象也是人,因此人口和劳动力与水资源承载力具有互相影响的关系。

6. 其他资源潜力

社会生产不仅需要水资源,而且还需要其他诸如矿藏、森林、土地等资源的支持。为此,其他资源潜力势必影响到区域内水资源的利用情况。

7. 政策、法规、市场、宗教、传统、心理等因素

一方面,政府的政策法规、商品市场的运作规律及人文关系等因素会影响水资源承载能力的大小;另一方面,水资源承载能力的研究成果又会对它们产生反作用。

上述影响水资源承载力的主要因素关系如图 6.1 所示。

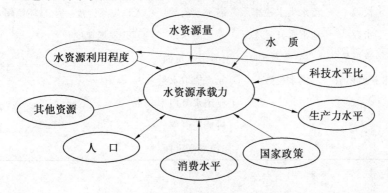

图 6.1　水资源承载力影响因素关系图

影响区域水资源承载能力的因素很多,涉及水资源系统的各个方面,确定综合评判指标体系要求能从不同方面、不同角度、不同层面客观地反映区域水资源条件、开发利用状况、供需关系及生态环境等方面,因此水资源承载力综合评价指标体系归纳为以下 5大类。

(1)反映区域水资源条件。

(2)反映区域供水结构及工程状况。

(3)反映区域需水、用水结构及节水水平。

(4)反映区域社会经济发展状况。

(5)反应区域生态环境状况。

每一类中,又可以拟定若干代表性好、针对性强、易于量化,又具备可比性的待选指标,见表 6.1。

表 6.1　水资源承载力综合评价待选指标

水资源条件	供水及工程	需水、用水、节水	社会、经济	生态环境
人均水资源量	人均可供水量	缺水率	GDP 模数	污水回用率
人均水资源利用量	水资源利用率	需水量/水资源量	人口密度	河道污染率
产水模数	蓄水供水税率	需水量模数	人口发展速度	生态环境用水率
干旱指数	地下水开采率	人均需水量	GDP 发展速度	
地表径流模数	供水普及率	生活用水定额		
地下水补给模数	供水模数	万元产值取水量		
		工业用水复用率		
		耕地灌溉率		
		作物灌溉定额		

根据水资源承载力评价指标体系建立的指导思想和原则,通过全面分析水资源承载能力的各影响因素,参照全国水资源供需平衡分析中的指标体系和其他水资源一些评价指标体系及其标准,根据大庆市社会经济发展状况和水资源利用的实际情况,最终确定了水资源利用率、人均水资源量、人均供水量、人均 GDP、工业废水达标率、工业废水重复用水率、城镇生活污水处理率、城镇恩格尔系数、农民人均纯收入 9 个主要因素,组成大庆市水资源承载力综合评价的指标体系。

各因素定义如下:

水资源利用率=需水量/可供水资源量

人均水资源量=可供水资源量/总人口数量

人均供水量=实际供水量/总人口数量

人均 GDP＝国民生产总值/总人口数量

工业废水达标率＝达标废水量/总废水量

工业废水重复用水率＝重复使用废水量/总废水量

城镇生活污水处理率＝城镇生活污水处理量/城镇生活污水总量

城镇恩格尔系数＝城镇人们食物消费支出/其他部分消费支出

农民人均纯收入＝农业纯收入总值/总农业人口数量

6.3　大庆市水资源承载力计算分析

根据水资源承载力定义,根据选取的相关指标进行模型计算,得出各指标的承载度,再加权计算出大庆地区水资源承载力的值,从而进行水资源承载力综合评价。

根据大庆地区的实际情况,对承载力的运算模型作出如下规定:

(1)模型中每个指标均为无量纲值。因为每个评价指标的单位和数量不同,无法统一进行计算,因此必须将它们分别对应标准值进行无量纲化处理,使它们能够进行综合计算。

(2)模型中每个指标均介于 0～1 之间。因为对应标准,每个指标都存在一个最差值和一个最优值,取最差值或比最差值小时该指标为 0,取最优值或比最优值大时该指标为 1,尽管有越大越好的指标,也有越小越好的指标,但是它们的取值都介于最差值和最优值之间,并且其函数应该是单调的。

(3)因为模型中的各指标对承载力的影响程度是不同的,因此分别占有不同的权重,对承载力值有大小不同的贡献。

根据以上规定,对于每个评价指标在承载力的计算中取值都在 0～1 之间,可以把这个无量纲化后介于 0～1 之间的值称为指标的承载度,因此可以预见水资源承载力的综合评价值也是介于 0～1 之间的,并且越大越好。

根据上述总体计算思路,采用层次分析法结合“模加和”方法对水资源承载力进行综合评价,即

$$|E| = \left[\sum_{i=1}^{m} (\overline{W_i} \times \overline{E_i})^2 \right]^{1/2}$$

式中　　E——大庆地区水环境总承载力的大小;

　　　　W_i—— 第 i 个指标承载度的权重;

　　　　E_i—— 第 i 个指标承载度的数值;

　　　　m—— 指标的数目。

评价的工作主要集中在各指标权重的确定和指标承载度的计算。指标权重的确定应该根据该指标对水资源承载力影响程度的大小来确定,本论文采用的是层次分析法来确定指标的权重。对于指标承载度,首先要确定每个指标的标准值范围,然后确定模型进行计算。

6.3.1　权重的确定

在水资源承载力评价中,常需以权重系数衡量各评价指标的重要程度,目前权重确定方法有很多种,根据定权思想和步骤大致可以分为经验估算法、调查统计法、二元比较法、统计分析法和层次分析法等 5 类。由于水资源承载力的生态、人口、经济各要素还包括若干分要素,所以实际组成要素是分层次构成的多要素,因此权重的确定采用层次分析法或灰色层次分析法较为适宜。

层次分析法(Analytic Hierachy Process)是由美国运筹学家萨蒂(Saaty. A. L)提出的一种著名决策方法。灰色层次分析法是由灰色系统理论与层次分析法结合形成的一种灰色决策方法。二者的差别只是后者在前者的基础上加入了灰色理论的思想,但基本方法相近,本文用层次分析法计算各个承载因子的权重。

1. 按照选取的指标体系,将水资源承载力和各指标用字母代表

水资源承载力 A;各指标 P;其中:水资源利用率 P_1,人均水资源量 P_2,人均供水量 P_3,人均 GDP(美元)P_4,工业废水达标率 P_5,工业废水重复用水率 P_6,城镇生活污水处理率 P_7,城镇恩格尔系数 P_8,农民人均纯收入 P_9。

2. 构造 A-P 判断矩阵

(1)判断矩阵的标度及其含义,见表 6.2。

表 6.2　判断矩阵的标度及其含义

标　度	含　义
1	表示和两个因素相比,具有同样重要性
3	表示和两个因素相比,一个因素比另一个因素稍为重要
5	表示和两个因素相比,一个因素比另一个因素明显重要
7	表示和两个因素相比,一个因素比另一个因素强烈重要
9	表示和两个因素相比,一个因素比另一个因素极端重要
2,4,6,8	上述两相邻判断的中值
倒数	因素 i 与 j 比较的 b_{ij},则因素 j 与 i 比较的判断 $b_{ji}=1/b_{ij}$

（2）在综合考虑各评判指标对水资源承载力影响程度的大小，以及不同指标之间的交叉性的基础上，参照全国水资源评价标准，并结合大庆市水资源开发利用的实际情况，构造如下 $A\text{-}P$ 判断矩阵，见表 6.3。

表 6.3 $A\text{-}P$ 判断矩阵

A	P_1	P_2	P_3	P_4	P_5	P_6	P_7	P_8	P_9
P_1	1	3	3	3	5	5	5	7	7
P_2	1/3	1	1	1	5/3	5/3	5/3	7/3	7/3
P_3	1/3	1	1	1	5/3	5/3	5/3	7/3	7/3
P_4	1/3	1	1	1	5/3	5/3	5/3	7/3	7/3
P_5	1/5	3/5	3/5	3/5	1	1	1	7/5	7/5
P_6	1/5	3/5	3/5	3/5	1	1	1	7/5	7/5
P_7	1/5	3/5	3/5	3/5	1	1	1	7/5	7/5
P_8	1/7	3/7	3/7	3/7	5/7	5/7	5/7	1	1
P_9	1/7	3/7	3/7	3/7	5/7	5/7	5/7	1	1

3.权重计算确定

权重的确定包括两个方面：特征向量的计算和一致性检验。本文用方根法计算特征向量。

（1）判断矩阵每一列归一化。

$$\boldsymbol{M}_i = \prod_{j=1}^{n} b_{ij} \, (i,j=1,2,\cdots,9) = \begin{pmatrix} 165\ 375 \\ 8.401\ 9 \\ 8.401\ 9 \\ 8.401\ 9 \\ 0.084\ 6 \\ 0.084\ 6 \\ 0.084\ 6 \\ 0.004\ 1 \\ 0.004\ 1 \end{pmatrix}$$

（2）对按列归一化的判断矩阵进行开方计算。

$$\overline{\boldsymbol{W}}_i = \sqrt[n]{\boldsymbol{M}_i} \ (i=1,2,\cdots,9) = \begin{pmatrix} 3.800\ 4 \\ 1.266\ 8 \\ 1.266\ 8 \\ 1.266\ 8 \\ 0.760\ 1 \\ 0.760\ 1 \\ 0.760\ 1 \\ 0.542\ 9 \\ 0.542\ 9 \end{pmatrix}$$

（3）将所得向量进行归一化处理。

$$\boldsymbol{W}_i = \frac{\overline{\boldsymbol{W}}_i}{\sum_{i=1}^{n} \overline{\boldsymbol{W}}_i} \ (i=1,2,\cdots,n) =$$

$$(0.33,0.12,0.12,0.12,0.07,0.07,0.07,0.05,0.05)^{\mathrm{T}}$$

$$\boldsymbol{W} = [\boldsymbol{W}_1,\boldsymbol{W}_2,\cdots,\boldsymbol{W}_n]^{\mathrm{T}}$$

便是所求得的特征向量。

（4）计算矩阵最大特征根。

用特征向量乘以原矩阵即

$$
\begin{bmatrix}
1 & 3 & 3 & 3 & 5 & 5 & 5 & 7 & 7 \\
\frac{1}{3} & 1 & 1 & 1 & \frac{5}{3} & \frac{5}{3} & \frac{5}{3} & \frac{7}{3} & \frac{7}{3} \\
\frac{1}{3} & 1 & 1 & 1 & \frac{5}{3} & \frac{5}{3} & \frac{5}{3} & \frac{7}{3} & \frac{7}{3} \\
\frac{1}{3} & 1 & 1 & 1 & \frac{5}{3} & \frac{5}{3} & \frac{5}{3} & \frac{7}{3} & \frac{7}{3} \\
\frac{1}{5} & \frac{3}{5} & \frac{3}{5} & \frac{3}{5} & 1 & 1 & 1 & \frac{7}{5} & \frac{7}{5} \\
\frac{1}{5} & \frac{3}{5} & \frac{3}{5} & \frac{3}{5} & 1 & 1 & 1 & \frac{7}{5} & \frac{7}{5} \\
\frac{1}{5} & \frac{3}{5} & \frac{3}{5} & \frac{3}{5} & 1 & 1 & 1 & \frac{7}{5} & \frac{7}{5} \\
\frac{1}{7} & \frac{3}{7} & \frac{3}{7} & \frac{3}{7} & \frac{5}{7} & \frac{5}{7} & \frac{5}{7} & 1 & 1 \\
\frac{1}{7} & \frac{3}{7} & \frac{3}{7} & \frac{3}{7} & \frac{5}{7} & \frac{5}{7} & \frac{5}{7} & 1 & 1
\end{bmatrix}
\times
\begin{bmatrix}
0.33 \\ 0.12 \\ 0.12 \\ 0.12 \\ 0.07 \\ 0.07 \\ 0.07 \\ 0.05 \\ 0.05
\end{bmatrix}
=
\begin{bmatrix}
3.160\ 0 \\ 1.053\ 3 \\ 1.053\ 3 \\ 1.053\ 3 \\ 0.632\ 0 \\ 0.632\ 0 \\ 0.632\ 0 \\ 0.451\ 4 \\ 0.451\ 4
\end{bmatrix}
$$

（5）判断矩阵的不一致性检验。

经计算，得出矩阵的权向量 $\boldsymbol{\omega}_i$ 为

$(3.16,1.053\ 3,1.053\ 3,1.053\ 3,0.632,0.632,0.632,$

$0.451\ 4,0.451\ 4)^A$

最大特征值为

$$\lambda_m = 8.996, CI = (\lambda_m - n)/(n-1) = -0.003\ 6$$

$CR = CI/RI = -0.003\ 6/1.45 = -0.000\ 31 < 0.1(RI$ 取值见下表）所以 A 的不一致性可以接受，见表 6.4。

表 6.4　不同 n 值下 RI 取值

n	1	2	3	4	5	6	7	8	9
RI	0.00	0.00	0.58	0.90	1.12	1.24	1.32	1.41	1.45

通过计算,最后可得到各判断矩阵的特征向量,即各个指标的权重,见表 6.5。

表 6.5　指标权重结果

指标	权重	权重值
P_1	W_1	0.33
P_2	W_2	0.12
P_3	W_3	0.12
P_4	W_4	0.12
P_5	W_5	0.07
P_6	W_6	0.07
P_7	W_7	0.07
P_8	W_8	0.05
P_9	W_9	0.05

6.3.2　指标承载度计算模型确定

在整个评价工作中,最重要并且最难的是指标承载度的计算。本文运用了钱华《河流水库水资源承载力研究——以黄河万家寨水库为例》和赵彦红《河北省水环境现状及水资源承载力研究》中提出的水资源承载力计算模型,指标承载度的计算模型采用的是对数函数:

$$y = a + b\lg x \tag{6.1}$$

式中　　a,b——模型中的参数。

在选取指标承载度的计算模型时,借鉴了以往研究中水安全度的计算模型。以正向指标(越大越好的指标)为例,承载度 y 随着指标值 x 的增加而递增,承载度从 0 增加到某个值后,随着 x 的继续增加,y 的增加越来越小,即 $\mathrm{d}y/\mathrm{d}x$ 为 x 的减函数。常见函数中对数函数、指数小于 1 的幂函数等符合这个要求,但是由于对数函数关系比较简单,适于单纯指标计算,所以本文选取了对数函数。

指标承载度计算模型的难点是确定指标承载度的最差值和最优值。但国内或者国际上公认的指标值往往是不发生危机的安全值,例如国际上规定人均水资源量少于 1 700 m^3,将会发生用水紧张。显然这个值不是最差值,也不是最优值,有些研究人员称之为及格值。故人均水资源量为 1 700 m^3 时,人均水资源量指标承载度为 0.60。

为此,本文在确定各指标承载度具体计算模型时,参考了国际公认的指标值,我国发布的《全国人民小康生活水平的基本标准》以及近年来我国社会人口和经济发展的实际状况,听取了专家的意见,最终确定了各指标承载度核算标准,并在此基础上通过计算得出各指标承载度计算模型的参数。具体说明如下。

1. 水资源利用率承载度计算模型

水资源利用率表征地区水资源开发潜力,为逆向指标(越小越好的指标)。当其为 15% 左右,表明该地区为丰水区。本文取 10% 为最优值。国际公认水资源利用率不能超过 40%,故取此值为水资源利用率的及格值。将(0.4,0.6)和(0.1,1)代入公式(6.1),解得水资源利用率承载度计算模型为

$$y = 0.336 - 0.664\lg x \tag{6.2}$$

2. 人均水资源量承载度计算模型

人均水资源量是衡量一个地区水资源承载力的指标,为正向指标(越大越好的指标)。国际上公认人均水资源量少于 1 700 m³将发生用水紧张,故取 1 700 m³ 为及格值。由 1990 年人口和水资源数据的统计结果,世界人均水资源量最少的后 5 个国家人均为 85 m³,为方便计算,取人均水资源量 100 m³ 为最差值。将(100,0)和(1 700,0.6)代入公式(6.1),解得人均水资源承载度的计算模型为

$$y = -0.97 + 0.487\ 1\lg x \tag{6.3}$$

3. 人均供水量承载度计算模型

人均供水量反映一个地区居民的实际供水情况,为正向指标(越大越好的指标)。取 600 m³ 为及格值,30 m³ 为最差值。将(30,0)和(600,0.6)代入公式(6.1),解得人均供水量承载度的计算模型为

$$y = -0.682 + 0.46\lg x \tag{6.4}$$

4. 人均 GDP 承载度计算模型

人均 GDP 是反映经济发展整体水平的重要指标,根据世界银行 1999 年的划分(按 1999 年可比价格):低收入国家为 760 美元以下,下中等收入国家为 761 ～ 3 030 美元,上中等收入国家为 3 031 ～ 9 360 美元,高收入国家为 9 361 美元以上。这里我们取 3 000 美元为及格值。国际上计算赤贫的标准是人均 100 美元,这

里我们取 100 美元为最小值。将（100，0）和（3 000，0.6）代入公式（6.1）。

解得人均 GDP 承载度计算模型为

$$y = -0.82 + 0.411 \lg x \tag{6.5}$$

5. 工业废水达标率承载度计算模型

工业废水达标率是表征环境质量的指标，为正向指标（越大越好的指标）。取废水达标率 40% 为最差值，取废水达标率 100% 为最优值。将（0.4，0）和（1，1）代入公式（6.1），解得工业废水达标率承载度计算模型为

$$y = 1 + 2.51 \lg x \tag{6.6}$$

6. 工业废水重复用水率承载度计算模型

工业废水重复用水率是衡量社会和经济发展程度的指标，为正向指标（越大越好的指标）。本文取重复用水率 35% 为最差值，取重复用水率 100% 为最优值。将（0.35，0）和（1，1）代入公式（6.1）。

解得工业废水重复用水率承载度计算模型为

$$y = 1 + 2.19 \lg x \tag{6.7}$$

7. 城镇生活污水处理率承载度计算模型

城镇生活污水处理率也是表征环境质量的指标，为正向指标（越大越好的指标）。取污水处理率 30% 为最差值，取污水处理率 100% 为最优值。将（0.3，0）和（1，1）代入公式（6.1），解得城镇生活污水处理率承载度计算模型为

$$y = 1 + 1.19 \lg x \qquad (6.8)$$

8.城镇恩格尔系数承载度计算模型

恩格尔系数是衡量生活发展阶段的指标,为负向指标(越小越好的指标)。联合国粮农组织曾依据恩格尔系数,将生活水平划分为如下标准:恩格尔系数在 59% 以上者为绝对贫困状态的消费;50% ～ 59% 为勉强度日状态的消费;40% ～ 50% 为小康水平的消费;20% ～ 40% 为富裕状态的消费;20% 以下为最富裕状态的消费。本文取 50% 为及格值,取 20% 为最优值。将(0.5,0.6)和(0.2,1)代入公式(6.1),解得城镇恩格尔系数承载度计算模型为

$$y = 0.3 - \lg x \qquad (6.9)$$

9.农民人均纯收入承载度计算模型

农民人均纯收入是衡量地区人民生活水平的指标,是一个越大越好的指标。根据我国发布的《全国人民小康生活水平的基本标准》中规定的农民人均纯收入小康值为1 200元,本文将1 200元设为及格值,而将 500 元定为最差值。将(1 200,0.6)和(500,0)代入公式(6.1),解得农民人均纯收入承载度计算模型为

$$y = -5.789 + 1.88 \lg x \qquad (6.10)$$

6.3.3 大庆地区水资源承载力综合评价计算

本文采用层次分析法结合"模加和"方法对水资源承载力进行综合评价计算,即

$$|E| = \left[\sum_{i=1}^{9} (\overline{W_i} \times \overline{E_i})^2 \right]^{1/2} \qquad (6.11)$$

式中　　E —— 水环境总承载力的大小；

　　　　W_i —— 第 i 个分承载力的权重；

　　　　E_i —— 第 i 个分承载力的数值。

1. 各指标承载度的计算

根据黑龙江省水利厅资料、《黑龙江省环境公报》、《黑龙江省经济年鉴》以及《大庆市国民经济和社会发展统计公报》有关资料，以及大庆市 2003、2004、2005 年水资源承载力各指标值；根据《黑龙江省城市水资源可持续利用战略研究报告》、《大庆市国民经济和社会发展统计公报》、《大庆市老工业基地调整改造水利发展规划》以及大庆市发展规划等有关资料，得到大庆市 2010 年、2015 年水资源承载力各指标预测值。应用所建立的各评价指标承载度计算模型，计算得出大庆地区水资源承载力各评价指标的承载度值，见表 6.6。

表 6.6　大庆地区水资源承载力各评价指标承载度值

指标名称	年度				
	2003	2004	2005	2010	2015
水资源利用率承载度	0.671	0.642	0.594	0.552	0.488
人均水资源量承载度	0.563	0.557	0.543	0.523	0.493
人均供水量承载度	0.533	0.551	0.567	0.578	0.595
人均 GDP 承载度	0.707	0.717	0.738	0.779	0.805
工业废水达标率承载度	0.944	0.945	0.949	0.967	0.984
工业废水重复用水率承载度	0.590	0.674	0.811	0.921	0.951
城镇生活污水处理率承载度	0.688	0.694	0.721	0.802	0.831
城镇恩格尔系数承载度	0.820	0.824	0.827	0.853	0.877
农民人均纯收入承载度	0.409	0.561	0.669	0.801	0.941

2. 大庆地区水资源承载力综合评价计算

根据表 6.6 所列出大庆地区水资源承载力各评价指标的承载度值,应用公式(6.11),计算得出大庆地区水资源承载力值,见表 6.7。

表 6.7　大庆地区水资源承载力

项目	年　度				
	2003	2004	2005	2010	2015
大庆地区水资源承载力	0.275	0.268	0.261	0.257	0.246

6.3.4　大庆地区水资源承载力各评价指标承载度变化趋势分析

图 6.2 表明,大庆地区水资源利用率承载度逐年下降,2005 年已降为 0.594。且根据大庆地区工农业、生活用水情况以及可用水资源总量测算,2015 年水资源利用率承载度只有 0.488。突出反映了大庆地区水资源利用率逐年增大,造成这一问题的两大主要原因是大庆地区水资源总量有限和用水量逐年增加。

目前,大庆地区年用水量已达 28 亿多 m^3,其中城市工业及生活用水近 10 亿 m^3,农业灌溉、鱼苇业及环境用水 18.3 亿 m^3。同时,大庆地区水资源分布具有北方水资源的典型特征,市区内无江河,属闭流区。地表水资源贫乏,其分布与国民经济的发展很不协调。地下水一直是大庆城市供水的主体水源,其富集区主要分布在大庆长垣西部,地下水允许开采量 10.06 亿 m^3,其中深层地下水允许开采量为 6.24 亿 m^3。由于过量开采地下水,形成大庆市区东西两个漏斗,导致地下水改变天然流向,使区域地下水向各自

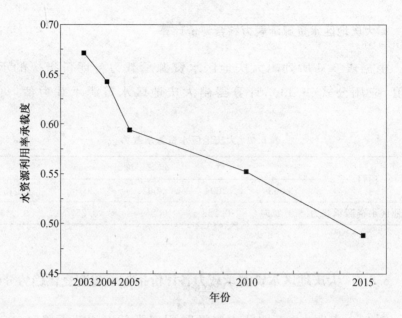

图 6.2　大庆地区水资源利用率承载度变化趋势

开采区汇集。降落漏斗的变化对环境水文地质的影响是比较复杂的,如果不加以控制,任其发展,其后果是相当严重的。

　　为了解决地下水严重超采的问题,大庆地区近年来采取了"利用地表,恢复地下"的措施。外引嫩江水建立地面水源地,逐步增加地面水开发利用程度。分别建成了北引和中引工程,南引工程也将进行消险加固,加大开发力度。北引供水工程于 1976 年建成投入使用,设计引水量为 6.9 亿 m^3/a,大庆水库和红旗泡水库作为调蓄水库,设计供水能力 1.46 亿 m^3/a,实际供水能力已超过 2 亿 m^3/a。中引供水工程于 1970 年建成通水,设计年引水为 10.23 亿 m^3,其中 4 亿 m^3 供大庆城市工业用水,其余供齐市、林甸及连环湖农业灌溉及鱼、苇用水。龙虎泡水库作为中引工程的调蓄水库,目前供水能力近 3 亿 m^3/a。

通过外引客水和开采地下水,基本满足了现状城市用水要求,但受流域水量配额及工程不配套的限制,特别是蓄水工程不足的影响,加之目前落后的灌溉方式,农业用水缺口较大。同时,过去一直按传统水利的思路安排水利工程建设,从未考虑环境及生态用水。因此,随着社会和经济的可持续发展,全面解决大庆水资源短缺问题将成为今后水利工作的重要任务之一。

大庆地区人均水资源量承载度趋势如图6.3所示,结果表明,大庆地区人均水资源量承载度处于很低的水平,且呈现逐年下降的趋势。2003～2005年人均水资源量承载度均在0.60以下,属于用水紧张地区。2015年人均水资源量承载度将降至0.493,届时大庆地区将严重缺水。

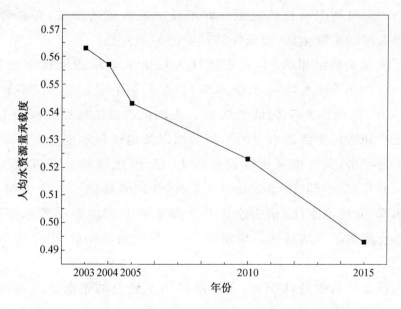

图6.3 大庆地区人均水资源量承载度变化趋势

对图 6.3 的分析已经表明,大庆地区的水资源总量有限。其中地下水资源由于历史和政策的原因必须稳定在一定的水平,防止过量开采。外引水源主要以嫩江为主,其水资源量受降水量和水库蓄水能力的影响。近几年来由于受到气候干旱和人为环境污染的影响,嫩江水量呈现下降的趋势,部分支流出现季节性干涸。这导致了大庆地区外引客水水资源量的下降。

另一方面,大庆地区近几年来人口自然增长率在 4‰～5‰之间,人口的不断增加也是造成人均水资源量承载度降低的原因之一。

按现有可用水资源总量测算,到 2015 年,全市人均水资源占有量只有 1 010 m³,市区人均水资源占有量仅为 170 m³,届时用水量已达到可利用水量的极限。如不及时采取有效措施,势必会影响到人民的正常生活,以及经济社会的健康发展。

图 6.4 的结果表明,大庆地区人均供水量承载度逐年增加,2003～2005 年,人均供水量承载度从 0.533 增加到 0.567。到 2015 年,达到 0.595,仍低于 0.60。人均供水量的增加反映了工农业生产和居民生活需水量的不断增加以及地区供水能力的不断提高。近年来,大庆地区累计投资近 18 亿元,先后建成了以嫩江为水源的北部、中部、南部 3 处引水工程,并同时修建了大庆水库、红旗水库、龙虎泡水库、南引水库和东湖水库 5 座主要地表水源地。基本上满足了大庆地区的用水需求,但遇到枯水年份,供水就很紧张。

但也应清醒地认识到,大庆地区供水能力的不断提高是在水资源总量呈现下降趋势的情况下,人为增加水资源利用率为代价的。由于地下水严重超采,降落漏斗面积已达 5 560 km²,最大下

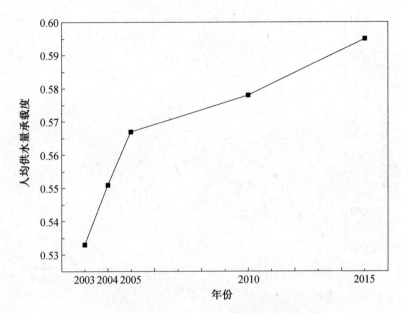

图 6.4　大庆地区人均供水量承载度变化趋势

降深度增达 58 m。如果在控制地下水开采量的前提下,大庆市的年供水能力和实际年用水量基本持平。而且,多年来一直没有考虑生态环境用水量,缺水对大庆的经济社会发展已经产生了严重的威胁,并危及到了城乡居民。因此,解决大庆缺水问题将是长期而又艰巨的任务。

　　图 6.5 的结果表明,大庆地区人均 GDP 承载度呈现逐年上升的趋势,从 2003～2005 年,人均 GDP 承载度从 0.707 增加到 0.738。根据目前大庆市国民生产总值的增长趋势测算,到 2015 年,大庆地区人均 GDP 承载度将升至 0.805,充分体现了大庆地区良好的经济发展态势。

　　人均 GDP 承载度的增加反映了大庆地区在发展油田产业和"非油"产业所取得的突出成就,但同时应认识到人均 GDP 增加对

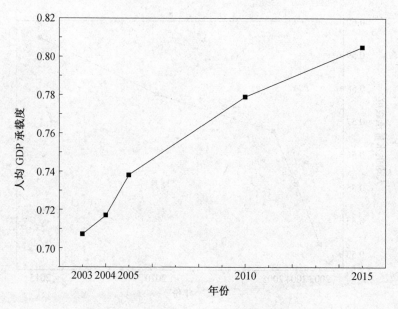

图 6.5　大庆地区人均 GDP 承载度变化趋势

大庆地区水环境产生的影响作用。大庆地区的工农业生产已经对水环境造成了较为严重的污染和破坏作用。

　　大庆市地表水体由于受工农业生产、污水排放以及城市固体废弃物随意堆放和掩埋的影响,污染十分严重。根据地表水体质量标准评价,除红旗泡水库是Ⅲ类水质外,大庆水库、东湖水库属Ⅳ类水质,龙虎泡水库为Ⅴ类水质。其余水体质量都很差,主要是化学需氧量和总磷超标。

　　同时,地下水水质状况已趋不良变化,主要表现在:

　　(1)纳污泡沼、排污干渠的广泛分布,城市排水系统防渗不完善,污水直接渗入地下水体,城市垃圾随意堆放或掩埋农田大量使用化肥、农药。一些水源地附近大量的精养鱼塘的污水直接排入水体成为地下水体的潜在污染源。

（2）在不断开采的条件下，地下水环境发生了很大的变化，由于地下水的水位降低，渗流速度加快，可使地表污染水体加速入渗，造成水质恶化。

（3）深层地下水受到沉积、人类活动和地下水开发动态的综合影响。据观测，市区内部分深层地下水中的铁、锰、氟、氨氮、总磷超标，并发现了 H_2S 及 CH_4 气体，深层地下水源已发现有明显的水污染迹象。

图 6.6 结果表明，大庆地区工业废水达标率承载度处于很高的水平，且呈现出逐年提高的趋势。2003～2005 年，工业废水达标率承载度从 0.944 增加到 0.949，2015 年将达到 0.984。

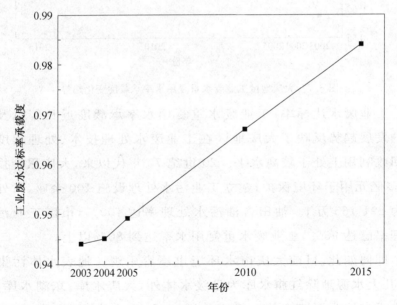

图 6.6　大庆地区工业废水达标率承载度变化趋势

图 6.7 结果表明，大庆地区工业废水重复用水率承载度近几年增长迅速。2003～2005 年，工业废水重复用水率承载度从 0.590

一跃增长到 0.811,2015 年将达到 0.951,处于较高的水平。

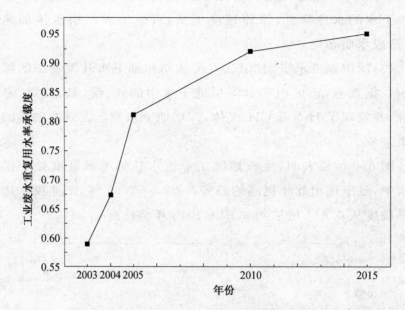

图 6.7 大庆地区工业废水重复用水率承载度变化趋势

工业废水达标率、工业废水重复用水率承载度近几年以及未来的发展趋势反映了大庆地区在工业废水处理技术、处理程度以及回收利用上处于较高水平。20 世纪 70 年代以来,大庆累计投资 70 多亿元用于环境保护,建立工业污水处理设施 100 余座,日处理能力 291 165 万 t。油田含油污水处理率达 100%,市区工业污水处理率已达 95%,工业废水重复用水率达到 80% 以上。

即便如此,目前大庆市水环境也不容乐观。地表水体污染严重,几大水源地除红旗水库为Ⅲ级水体外,大庆水库、东湖水库、龙虎泡水库均为Ⅳ级水体。大庆主城区的 18 个泡沼,水体 COD 普遍超标,水质都在Ⅴ类以下。另外,水库和泡沼的底泥积累越来越多地存在着巨大的潜在污染。地下水源有污染迹象,由于地面纳污泡沼众多且污染严重,在地下水又严重超采的情况下,致使入渗补给速度加快。同时,地下水乱开乱采现象时有发生,特别是水费涨价后更为严重。这些问题亟须认真对待和大力治理。

图 6.8 的结果表明大庆地区城镇生活污水处理率呈现逐年升高的趋势,且升高的幅度较大。2003～2005 年城镇生活污水处理率承载度从 0.688 增大到 0.721,2015 年将达到 0.831。近年来,大庆地区注重加强污水截流工程和城市污水处理厂建设,实施污雨分流,污水回用。"十五"期间,大庆市按照满足"水体的功能区要求优先,位置优先,水资源化优先,标本兼治优先"的原则,建设了一批污水处理厂、处理站、污水回用及污水截流工程。使得 COD 削减量达到了 12 540 t,大大削减了全市污染总负荷,对改善大庆市地表水发挥了重要的作用。

但同时应该注意到城镇生活污水仍给大庆地区的地表水、地下水造成了较为严重的污染。目前大庆市年平均排污水 1.2 亿 m³,其中生活污水占 70％左右。据监测分析废污水中氨氮、亚硝酸盐、化学耗氧量、5 日生化需氧量、挥发酚、总磷等项目的浓度绝大多数超标,最大值超标几倍至几十倍。随着工业和城市化的进一步发展,用水量的不断加大,污水排放量也将不断加大。因此,必须进一步采取相应的对策和措施来阻止水环境的恶化。

图 6.9 结果表明大庆地区城镇恩格尔系数承载度呈现逐年升高的趋势,且各年的城镇恩格尔系数均大于 0.80,处于较高的水平,基本上达到了联合国粮农组织规定的小康生活水平的要求。反映了大庆地区在发展油田产业、经济建设以及经济转型中均取得了明显成效。城镇居民人均收入水平、支配水平较高。城镇居民生活水平得以明显改善,正在向全面小康的方向迈进。

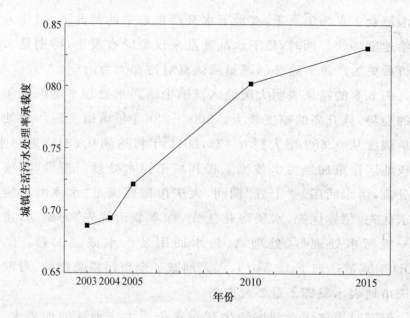

图 6.8　大庆地区城镇生活污水处理率变化趋势

　　图 6.10 结果表明,大庆地区农民人均纯收入承载度呈明显的逐年升高趋势。2003 年仅为 0.409,到 2005 年便已经升高到 0.669。预计 2015 年农民人均纯收入承载度将达到 0.941,届时农民收入水平明显提高,生活水平极大改善,步入小康阶段。农民人均收入水平的增加是大庆地区积极发展新型农业、优化农村产业结构的结果。大庆地区近年来注重发展绿色特色农业,形成了诸多特色产业区。不断完善农业基础设施建设,兴建了近 400 万亩(1 亩≈667 m²)抗旱保收高产稳产基本农田,从根本上改变农民靠天吃饭的传统生产方式。拥有装备精良的全国首家人工增雨作业队,科学截留天上水,实现了云雨资源化。农业高科技园区基础设施、生产技术、温室水平、科研设备以及产品均达到国内一流。

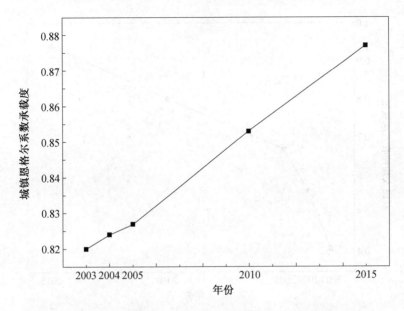

图 6.9　大庆地区城镇恩格尔系数承载度变化趋势

2006 年在全省率先实现乡乡通高等级路面,村村通硬化路面。大庆地区还积极发展以乳业为重点的畜牧业,大力扶植乳业加工、肉类加工企业。

　　与此同时,大庆地区在农业生产用水和农民生活用水方面仍然存在着一些困难和问题。目前大庆市有农村人口 141 万人,存在饮水困难的人口为 112 176 万人,涉及 2 280 个村屯。到目前为止,尚有 1 645 个村屯 8 413 万人的饮水困难问题没有解决。在农业生产用水方面,现有灌溉能力弱,只有 2 313 万 km²,占总耕地面积的 48.5%;机电井布局不合理,不少地块根本就没有浇灌设施;局部地区地表、地下都没有水;插花田不利于浇灌工程效益的发挥。而且,目前普遍存在着浇灌设施老化、漏水等问题,造成水资源的大量浪费以及农业、牧区灌溉水利用系数低等严重问题。同

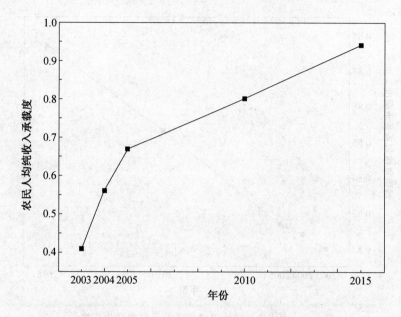

图 6.10　大庆地区农民人均纯收入承载度变化趋势

时,对于农田水利、灌溉缺乏严格的管理和科学的规范,不合理的
打井和无节制的灌溉造成了地下水资源的流失。 为此,务必采取
有效措施,科学利用水源,合理进行灌溉,提高灌溉水利用系数,既
保证农业的增产,同时坚持水资源的可持续利用。

6.3.5　大庆地区水资源承载力变化趋势分析

　　图 6.11 为大庆地区水资源承载力近几年现状和未来发展变
化趋势,结果表明,大庆地区水环境综合承载力呈现出逐年下降的
趋势,2003～2005 年,大庆地区的水环境综合承载力从 0.275 下降
到 0.261。 而且,按照目前大庆地区水资源现状以及利用情况,根
据指标体系中各评价指标承载度预测值的综合计算结果表明,未

来 10 年内,大庆地区的水资源承载力仍会呈现逐渐降低的趋势。2015 年,大庆地区水环境综合承载力将降至 0.246。届时,不容乐观的水环境情况势必会威胁大庆地区的生态环境安全,制约经济、社会的协调发展,影响生产、生活的方方面面。

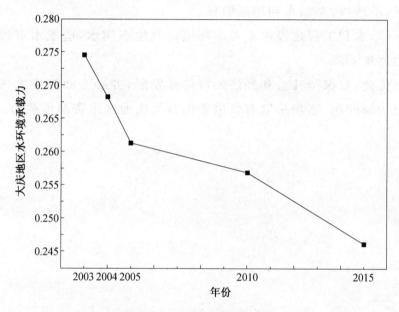

图 6.11　大庆地区水资源承载力现状和未来发展变化趋势

综合上述对大庆地区水环境评价指标体系中各评价指标承载度发展变化的分析,结合图 6.11 所呈现的大庆地区水资源承载力发展变化趋势,可清晰得出大庆地区现在以及未来 10 年内在水环境、水资源利用方面所存在的严重问题:

(1)水资源短缺,且水资源地域、时空分布不均衡。

(2)人均水资源量少,大大低于全国和全省的平均水平。

(3)水体污染严重,地表水体主要是化学需氧量和总磷超标,地下水潜水铁、锰、氟含量偏高,水质不符合饮用水要求。

（4）局部地区地下水超采，形成了区域性降落漏斗。

（5）外引客水程度不够，现有蓄水工程调节水资源、水环境能力有限，不能根本解决大庆地区水资源短缺的局面。

（6）农业用水缺口较大，灌溉方式落后，浇灌设施老化，管理不科学、不严格，灌溉水利用系数低。

（7）水利工程建设中未考虑环境以及生态用水，造成水资源承载力逐年下降。

为此，要保持社会和经济的可持续发展，务必全面解决大庆水资源短缺问题，逐步采取有效措施提升大庆地区水资源承载力。

第7章　黑龙江省水资源承载力分析评价

　　水资源可持续利用是中国经济社会发展的战略问题,如何解决水资源短缺的问题,直接关系人民群众的生活,关系社会的稳定。依据水资源承载力指标体系构建的总体思路,建立具有实际操作意义的的指标体系与评价方法,全面反映黑龙江省水资源可持续利用的状况,以及水资源与社会经济和生态环境协调发展相适应的程度,从而科学合理地指导黑龙江省水资源规划与管理,促进水资源的可持续利用。

7.1　研究区域概况

　　黑龙江省既是我国东北老工业基地之一,又是资源大省,为支援国家建设和自身发展的需要,长期大量地过度采伐森林,开垦湿地和草原,过量地使用能源、水资源及原材料,造成了自然资源枯竭、生态功能衰退。当前我省经济总量和人均收入水平不高,产业结构调整难度较大,自我积累能力不足,环境历史欠账多,资源利用与保护不协调。

7.1.1 自然地理概况

黑龙江省是我国位置最北、纬度最高的省份。黑龙江省位于东经 $121°11'\sim135°05'$,北纬 $43°25'\sim53°33'$。北部和东部隔黑龙江、乌苏里江与俄罗斯相望,西部与我国内蒙古自治区毗邻,南部与吉林省接壤。黑龙江省地域辽阔,地势是西北部、北部和东南部高,东北部、西南部低。黑龙江省地形复杂多样,有"五山、一水、一草、三分田"之称,由大兴安岭、小兴安岭、东南部山地和松嫩平原、三江平原构成全省最基本的地形轮廓。全省土地面积 4.5×10^7 公顷,占全国总面积的 4.7%。边境线长 3 045 km,是亚洲与太平洋地区陆路通往俄罗斯和欧洲大陆的重要通道,也是改革开放以来中国沿边开放的重要窗口。

1. 气候

黑龙江省属于寒温带与温带大陆性季风气候。全省从南向北,依温度指标可分为中温带和寒温带。从东向西,依干燥度指标可分为湿润区、半湿润区和半干旱区。全省气候的主要特征是春季低温干旱,夏季温热多雨,秋季易涝早霜,冬季寒冷漫长,无霜期短,气候地域性差异大。黑龙江省的降水表现出明显的季风性特征。夏季受东南季风的影响,降水充沛,冬季在干冷西北风控制下,干燥少雨。全省大部分地区年均气温在 $-2\sim4℃$ 左右,无霜期在 $100\sim160$ 天左右,年均降水量在 $370\sim670$ mm 之间。

2. 土地资源

黑龙江省土质肥沃,土壤类型繁多,地势平坦,耕地相对连片集中,水源充足,适于大面积机耕化生产经营,具有发展农业生产的良好自然条件。黑龙江省是全国耕地面积最大的省份,有耕地 1.18×10^7 公顷,黑龙江省国营农场最多,103 个大型国营农场拥有耕地 206.8 万公顷,占全省的 21.5%,占全国国营农场的 4.3%。土地自然肥力较高,但呈逐年下降的趋势;人均占有数量多,但土地生产力水平较低。

3. 矿产资源

黑龙江省境内地貌类型多样,地质构造复杂,为各种矿产资源的形成创造了有利条件。已发现的矿产有 132 种,其中已探明储量的矿种有 78 种,储量居全国前十位的有 41 种,优势矿产资源 9 种,以石油、煤炭、黄金、石墨最为著名,煤炭储量居东北三省第一位。省内有 1 个油城、2 个林城、4 个煤城,共 7 个资源型城市。

4. 旅游资源

(1) 冰雪旅游资源:黑龙江省大部分区域处于中温带,山区冬季雪量大,雪期长(120 天左右),雪质好,适于滑雪、冰灯等旅游项目。特殊的地理环境构成了独特的旅游资源,以其原始、神奇、粗犷、博大而闻名于世。

(2) 避暑旅游资源:黑龙江省夏季凉爽,众多的江河湖泊和浩瀚的林区是避暑的好去处。有世界第二大高山堰塞湖——镜泊湖,世界三大冷泉之一——五大连池,中俄界湖——兴凯湖。全省已建各级森林公园 67 处,其中国家级 37 处,省级 30 处。

(3) 边境旅游资源:黑龙江省与俄罗斯接壤有 3 000 多公里的边境线,其中界江 2 300 公里,有 25 个开放口岸,其中 17 个已经成为旅游口岸,绥芬河、黑河、东宁、抚远的边境出入境游客量排在前4位。

(4)其他旅游资源:黑龙江省有丰富的历史遗迹和民俗风情旅游资源,以农耕为主的满族、朝鲜族,以捕鱼为生的赫哲族,以狩猎为生的鄂伦春族和以牧业为主的蒙古族、达斡尔族,保留着北方少数民族所特有的民俗风情。此外,黑龙江省有国家级自然保护区14处,自然保护区蕴涵着丰富的旅游资源,旅游开发前景十分广阔。

5.植被

黑龙江省有寒温带针叶林、温带针阔混交林和温带草原3个植被区,构成了区域地带性植被,形成了独特的大森林、大湿地、大草原的植被类型和景观,其特点和优势是野生植被资源种群大、生物量高。

(1)森林。黑龙江省的森林资源85%分布在西北部的大兴安岭、东北部的小兴安岭及东南部的张广才岭、老爷岭和完达山三大片林区。林业用地总体呈减少趋势,有林地呈增加趋势。2009年黑龙江省森林覆盖率为43.6%,森林面积2.007×10^7公顷,森林总蓄积量$1.43 \times 10^{10} m^3$,造林总面积2.16×10^5公顷,呈逐年上升趋势。黑龙江省森林的涵养水源、保持水土、防风固沙等生态功能与客观需要有较大差距,目前森林资源的生态功能还远远满足不了实际的需要。森林覆盖分布不均匀,对自然灾害抗御能力相对较低,旱涝风沙时有发生。由于森林资源消耗过大,造成天然林可采资源枯竭。用材林比重大,防护林较少,林种结构不合理,削弱了森林的生态调节和防护效能,也降低了森林的经济效能。

（2）湿地。黑龙江省是拥有湿地资源的大省，现有湿地面积 $4.3×10^6$ 公顷。平原沼泽湿地主要分布于三江平原区及松嫩平原的齐齐哈尔、杜蒙一带。山地沼泽广泛分布于大、小兴安岭山区，其中三江平原湿地是黑龙江省最大的淡水沼泽。湿地有着较高的生产潜力和生物多样性，是许多珍稀濒危鸟类的迁徙地和繁殖地，是不可多得的生物多样性保护基地。它在抵御洪水、调节径流、蓄洪防旱、降解污染、调节气候、控制土壤侵蚀、美化环境等方面有着其他生态系统不可代替的作用。从 20 世纪 50 年代起，黑龙江省开始大规模开垦湿地，造成湿地面积急剧减少，湿地生态质量下降，生态调节功能降低甚至退化，地方小气候恶化，生物多样性遭到破坏。

（3）草地。黑龙江省草地类型多，草原、草山、草坡面积 $4.33×10^6$ 公顷，占全省国土面积的 9.5%。主要分布在松嫩平原和三江平原，草地资源丰富。黑龙江省草地生态系统脆弱性十分明显。当受到干扰和破坏时，系统自身修复与恢复能力较弱，"三化"问题造成草原植被覆盖率降低，加剧了一些沿江沿河的低湿草原水土流失，导致小区域生态环境明显变坏，干旱扬沙天气时常出现，给人们的生产生活带来危害。

6.生物多样性

黑龙江省因其地域辽阔，地形地貌及地质结构复杂，土壤和气候变化很明显，形成了森林、草原、水域、湿地、农田等多种生态环境系统。从自然资源变化的角度来看，随着经济开发建设及自然灾害的不断发生，生态环境的质与量呈现不同程度的下降趋势，导致物种数量减少，生物多样性水平降低。黑龙江省的主要植物区系为东西伯利亚植物区系、长白植物区系和蒙古植物区系,经济植物、药用植物资源十分丰富,是东北地区药材主要生产区。黑龙江省脊椎野生动物达 476 种,鸟类有 380 多种,两栖类 11 种,爬行类 14 种,鱼类有 105 种。全省自然保护区总数 163 个,保护区的建立有效地保护了我省境内有代表性的生态系统类型和生态环境,如珍稀濒危物种的繁殖地、栖息地,候鸟迁移的重要湖泊、湿地等。

7.1.2　社会经济概况

1.社会环境状况

黑龙江省设大兴安岭 1 个行政公署,哈尔滨、齐齐哈尔、牡丹江、佳木斯、大庆、伊春等 12 个地级市,阿城、绥芬河等 18 个县级市,46 个县。人口保持低速增长,城乡居民收入水平进一步提高,社会保障工作进一步加强,全省参加基本养老保险 9.2×10^6 人,参加基本医疗保险 8.51×10^6 人,详见表 7.1。近年来,黑龙江省科技创新能力持续提升,高新技术产业发展迅速并已逐渐成为推动全省社会发展的生力军,全省区域创新能力及综合科技实力居全国前列。

表 7.1　2009 年黑龙江省社会环境情况

序号	指标	单位	数据
1	人口出生率	‰	7.48
2	人口自然增长率	‰	2.06
3	城镇恩格尔系数		35.3
4	农村恩格尔系数		31.4
5	城镇人均住房建筑面积	m^2	24.6

续表 7.1

序号	指标	单位	数据
6	人均公共绿地	m^2	10.5
7	水资源总量	$10^9 m^3$	989.6
8	年末实有道路面积	$10^4 m^2$	12 720.1
9	城市用水普及率	%	86.6
10	燃气普及率	%	83.8

数据来源:黑龙江统计年鉴(2010).中国统计出版社

2.经济环境状况

黑龙江省以科学发展观为指导,以老工业基地振兴为中心,以改革开放和科技进步为动力,加快经济结构调整,努力转变增长方式,国民经济呈现出高增长、高效益、平稳、健康的发展势头。2009年全省经济情况见表 7.2。

表 7.2　2009 年黑龙江省经济情况

序号	指标	单位	数据
1	地区生产总值(GDP)	10^9元	8 288
2	人均地区生产总值	元	21 665
3	城镇居民人均可支配收入	元	12 566
4	三次产业结构	%	13.9;47.3;38.8
5	进出口总额相当于 GDP 比例	%	13.4
6	社会消费品零售总额	10^9元	3 401.8
7	全社会固定资产投资相当于 GDP 比例	%	60.7
8	财政支出相当于 GDP 比例	%	24.4
9	全社会劳动生产率	元/人	44 447

数据来源:黑龙江统计年鉴(2010).中国统计出版社

（1）农业。黑龙江省是全国重要的粮食主产区和商品粮基地，担负着保障国家粮食安全的重任。全省不断增加农业投入的力度，农业生产条件极大改善，农业现代化水平显著提高。全省耕地面积 1.183×10^7 公顷，是全国耕地和土地后备资源最多的省份，黑龙江绿色食品的产量和加工量居于全国首位。粮食产业一直是黑龙江省基础产业，大豆面积和产量均居全国首位，玉米、水稻面积和产量也居全国前列，详见表 7.3。

表 7.3　2009 年黑龙江省农、林业经济情况

序号	指标	单位	数据
1	农林牧渔业总产值	10^9 元	2 251.1
2	粮食作物播种面积	10^4 公顷	1 313.3
3	粮食产量	10^4 t	4 353
4	水产品产量	t	380 700
5	绿色食品种植面积	10^4 公顷	357.7
6	治理水土流失面积	10^4 公顷	459.5
7	人工造林面积	10^3 公顷	190.2
8	幼林抚育面积	10^3 公顷	714.5

数据来源：黑龙江统计年鉴(2010).中国统计出版社

（2）工业。黑龙江省工业基础比较雄厚，是国家老工业基地，对国家改革开放和现代化建设作出了巨大贡献。近年来，黑龙江省国有经济战略性调整取得突破性进展，经济结构日益多元化，行业集中度上升，一大批企业集团异军突起。高技术产业由弱到强，外需导向型经济高幅增长。2009 年全年工业概况见表 7.4。

表 7.4　2009 年黑龙江省工业经济情况

序号	指标	单位	数据
1	工业总产值	10^9 元	7 301.6
2	工业增加值	10^9 元	2 854.7
3	工业销售产值	10^9 元	7 146.8
4	工业资产合计	10^9 元	8 860.6
5	工业固定资产净值	10^9 元	4 217.3

数据来源：黑龙江统计年鉴(2010).中国统计出版社。

　　(3)对外贸易。黑龙江省依靠独特的地缘优势,采取"南联北开,全方位开放"的方针,敞开北大门,现有 25 个国家一类口岸和 9 个边境市贸易区,通过举办出口商品交易会和经济贸易洽谈会等方式,积极发展同东北亚、东南亚以及其他国家和地区的贸易往来,与毗邻的俄罗斯等独联体国家发展边境贸易和经济技术合作。随着国际知名度的不断提高,对外经济技术合作领域不断拓宽。2009 年全年实现进出口总值 1.62×10^{10} 美元,实际利用外资 2.51×10^9 美元,对外经济技术合作继续保持良好发展势头。全年对外承包工程和劳务合作完成营业额 8.22×10^8 美元。

7.1.3　水资源特点

　　黑龙江省地处祖国的东北部,幅员辽阔,山环水绕。黑龙江和乌苏里江控制北部和东部疆界,松花江如一条玉带从西南向东北横贯黑土大地。连绵起伏的大小兴安岭、张广才岭、老爷岭、太平岭及那丹哈达岭将松嫩平原、三江平原、兴凯湖平原和逊河平原围隔起来。在平原中形成大型的地下水贮水盆地,在广大的丘陵山区形成风化裂隙、构造裂隙、孔洞及溶洞等蓄水构造。黑龙江省水资源比较丰富,水系发达,境内有黑龙江、乌苏里江、松花江、嫩江和绥芬河五大水系,现有大小湖泊 640 个、在册水库 630 座,水面达 80 多万公顷,其中松花江(包括嫩江)为最大水系,是全国七大水系之一。全省流域面积在 5.0×10^3 公顷以上的河流有 1 918 条,主要湖泊有兴凯湖、镜泊湖和五大连池等。密集的江河,为通航、发电、灌溉、养鱼提供了丰富的水利资源。全省境内江河湖泊众多,水资源总量 9.89×10^{10} m^3,居东北之首,是中国水资源较丰富的省份之一。众多的江河湖沼和水库塘堤,栖息着上百种观赏与食用鱼类,有兴凯湖的大白鱼、乌苏里江的大马哈鱼,以及内河中的"三花""五罗"等。

黑龙江省水资源丰富,但时空分布不均。降水主要集中在夏季,造成了全省或局部地区常常出现供水不足和农业旱涝交替变化。北部和东部山区降雨充沛,地表迳流发育,西部和东部的松嫩平原、三江平原及兴凯湖平原赋存丰富的地下水资源。由于受所处地理位置及区域经济发展水平影响,黑龙江省 80 个市(县)水资源开发利用程度参差不齐,地下水开采规模有限,总开采量远小于可开采量,更小于总补给量,因此地下水动态规律及总的发展趋势仍基本保持天然状态。但个别地区因过量开采地下水,已形成区域降落漏斗,如大庆、哈尔滨、齐齐哈尔、佳木斯等省内主要大中型城市。水资源缺乏已制约了上述城市经济发展速度,严重缺水地区已影响居民的日常生活饮用。

全省在建水利工程达 156 项,水利建设总规模达 157.94 亿元,其中续建 139 项,新开工 17 项。新增旱田高效节水灌溉面积 215 万亩(1 亩≈667 m^2),新增水田 580 万亩,占计划的 166%,提前 3 年实现 5 000 万亩的发展目标;治理水土流失面积 65 万亩,占全年水土流失治理任务的 27％。防洪保障能力实现新提升。全省新开工一批中小河流治理工程以及城市滨水景观工程；哈尔滨、齐齐哈尔、大庆、佳木斯、伊春等 5 座重点城市防洪工程加快推进,松嫩干流防洪工程、哈尔滨堤防、齐齐哈尔齐富堤防、加格达奇区堤防工程进展顺利。大庆市、佳木斯市、伊春市、阿城区城防、依兰县、牡丹江等地江湾护岸等项目建设步伐加快。汤原法斯河、通河铧子山、二站等 7 座病险水库全面完成除险加固。

　　粮食产能显著提高。尼尔基引嫩扩建骨干一期工程、三江平原 14 处灌区和 15 处大型灌区续建配套与节水改造、5 处大型泵站更新改造继续加快建设的步伐,其中三江平原灌区中的勤得利、江萝、临江等 3 处灌区渠首泵站基本建成,勤得利灌区渠首工程已经投入运行。

　　水资源保障能力明显增强。目前,鹤岗市小鹤立河水库、勃利县九龙水库、七台河市汪清水库、绥芬河市五花山水库、林口县龙虎山水电站等重点水利枢纽工程正在紧张建设中；哈尔滨市松北灌排体系及水生态环境建设工程、齐齐哈尔市劳动湖南扩工程、双鸭山市安邦河治理工程等城市滨水景观水利工程建设也在紧锣密鼓地开展。

　　农村水利建设取得新成效。除依兰、兰西等 5 个县被批准为全国水电农村电气化县之外,全省又有 6 个县被列入规划。海林板桥、嘉荫红石、东宁老黑山等 3 个小水电代燃料续建项目基本完成。国家下达解决农村饮水安全工程目前正在积极组织实施。全省农田水利建设完成投资 31.7 亿元,新打灌溉水源井、加固水坝、修复水毁工程、清淤渠道等任务圆满完成。

　　黑龙江省水利部门到 2015 年将重点实施农田水利、农村饮水安全、水资源开发利用、大江大河和中小河流治理、病险水库（闸）除险加固、水能资源开发、国境界河国土防护、水土保持、河湖生态修复、滨水城市和旅游名镇水利景观等十大工程。到 2020 年将推进五大体系建设，即粮食安全水利保障体系建设、水资源配置与供水安全保障体系建设、城乡水利防灾减灾体系建设、水资源配置和水生态保护体系建设、水管理体系建设。

7.2 水资源承载力评价

7.2.1 指标赋权的定量方法

为了对被评价事物得出一个全面的整体性评价，需要把反映该事物各方面的指标综合在一起。在综合时，由于事物本身发展的不平衡性，有的指标在综合水平形成中的作用大些，有的则小些，这就需要加权处理。生态安全评价作为多指标综合评价方法的一种应用，其权数的设置涉及多指标综合评价赋权方法的适用性问题。生态安全评价的系统多样性要求定性与定量相结合地确定权数。从理论上讲，生态安全评价属于可持续发展的领域，不可能存在一个标准化系统模式，人们对生态安全评价的认识必然要有主观成分在里面。生态安全评价涉及非常复杂的系统结构，以层级架构方式出现，参与主观赋权的专家不可能对庞大的指标体系直接打分，必须要运用一些定量的数学处理方法，得到具体的权数。

有关研究成果表明，可持续发展权数处理要求以主观方法为主,层次分析法在可持续发展综合评价中所应用的权数设置方法比较集中,特别适合系统指标体系的权数确定。鉴于此,本研究采用层次分析法确定水资源承载力评价指标体系权数。

7.2.2　层次分析法应用于黑龙江省水资源承载力评价

本研究采取专家调查问卷的形式,聘请 15 位专家在构造判断矩阵前对层次结构中各个指标两两元素进行比较,进行重要性的单排序,以便于减小误差,一次通过一致性检验。各系统层判断矩阵见表 7.5、表 7.6、表 7.7、表 7.8。

表 7.5　系统层判断矩阵

A	B_1	B_2	B_3
B_1	1.00	2.00	3.00
B_2	0.33	1.00	0.50
B_3	0.50	2.00	1.00

表 7.6　水资源子系统系统判断矩阵

B_1	C_1	C_2	C_3	C_4	C_5	C_6	C_7	C_8
C_1	1.00	1.00	2.00	2.00	5.00	4.00	3.00	4.00
C_2	1.00	1.00	2.00	0.50	3.00	2.00	2.00	4.00
C_3	0.50	0.50	1.00	0.50	2.00	2.00	1.00	3.00
C_4	0.50	2.00	2.00	1.00	3.00	2.00	2.00	3.00
C_5	0.20	0.33	0.50	0.33	1.00	0.50	0.33	2.00
C_6	0.25	0.50	0.50	0.50	2.00	1.00	0.50	3.00
C_7	0.33	0.50	1.00	0.50	3.00	2.00	1.00	3.00
C_8	0.25	0.25	0.33	0.33	0.50	0.33	0.33	1.00

表 7.7 社会经济子系统系统判断矩阵

B_2	C_9	C_{10}	C_{11}	C_{12}	C_{13}	C_{14}	C_{15}	C_{16}
C_9	1.00	3.00	3.00	4.00	4.00	3.00	3.00	3.00
C_{10}	0.33	1.00	3.00	3.00	3.00	3.00	4.00	4.00
C_{11}	0.33	0.33	1.00	3.00	2.00	2.00	2.00	2.00
C_{12}	0.25	0.33	0.33	1.00	4.00	2.00	3.00	3.00
C_{13}	0.25	0.33	0.50	0.25	1.00	0.25	0.33	0.33
C_{14}	0.33	0.33	0.50	0.50	4.00	1.00	2.00	3.00
C_{15}	0.33	0.25	0.50	0.33	3.00	0.50	1.00	2.00
C_{16}	0.33	0.25	0.50	0.33	3.00	0.33	0.50	1.00

表 7.8 生态环境子系统判断矩阵

B_3	C_{17}	C_{18}	C_{19}	C_{20}	C_{21}	C_{22}
C_{17}	1.00	1.00	2.00	4.00	4.00	4.00
C_{18}	1.00	1.00	0.33	0.50	2.00	0.50
C_{19}	0.50	3.00	1.00	3.00	3.00	2.00
C_{20}	0.25	2.00	0.33	1.00	0.33	1.00
C_{21}	0.25	0.50	0.33	3.00	1.00	0.33
C_{22}	0.25	2.00	0.50	1.00	3.00	1.00

基于上述步骤,采用 MATLAB 6.5 软件编程,以黑龙江省为研究对象,计算黑龙江省水资源承载力评价指标权重,见表 7.9。同时,计算得到各系统层的一致性检验结果。

表 7.9 黑龙江省水资源承载力评价指标的权重

项目	系统层		指标层	
	指标	权重	指标	权重
水资源承载力	水资源子系统	0.539 6	人均水资源总量 C_1($10^4 m^3$/人)	0.250 8
			供水总量 C_2($10^9 m^3$)	0.172 5
			城市人均日生活用水量 C_3(m^3/人)	0.111 8
			城市用水普及率 C_4(%)	0.181 4
			工业用水量 C_5($10^9 m^3$)	0.052 8
			农业用水量 C_6($10^9 m^3$)	0.079 1
			生活用水量 C_7($10^9 m^3$)	0.111 8
			生态用水量 C_8($10^9 m^3$)	0.039 8
	社会经济子系统	0.163 4	人均国内生产总值 C_9(元/人)	0.287 0
			人均占有耕地 C_{10}(hm^2/人)	0.218 1
			人口自然增长率 C_{11}(‰)	0.125 9
			单位 GDP 能耗 C_{12}(t/10^4元)	0.111 4
			恩格尔系数 C_{13}(‰)	0.036 9
			第一产业占 GDP 的比重 C_{14}(‰)	0.097 1
			第二产业占 GDP 的比重 C_{15}(‰)	0.068 7
			第三产业占 GDP 的比重 C_{16}(‰)	0.054 9
	生态环境子系统	0.297 0	森林覆盖率 C_{17}(‰)	0.326 4
			城市人均公共绿地面积 C_{18}(m^2)	0.107 8
			水土流失治理面积 C_{19}($10^3 hm^2$)	0.251 8
			工业废水排放达标率 C_{20}(%)	0.089 8
			生活污水排放量 C_{21}(10^4 t)	0.085 6
			城市污水日处理能力 C_{22}(10^4 t)	0.138 6

(1)水资源子系统：$\lambda_{max} = 8.292 1, CI = 0.041 7, RI = 1.41,$

$CR = 0.029\ 6 < 0.1$,判断矩阵具有满意的一致性。

（2）社会经济子系统：$\lambda_{\max} = 8.877\ 9, CI = 0.125\ 4, RI = 1.41$, $CR = 0.088\ 9 < 0.1$,判断矩阵具有满意的一致性。

（3）生态环境子系统：$\lambda_{\max} = 6.867\ 9, CI = 0.173\ 6, RI = 1.24$, $CR = 0.140\ 0 < 0.1$,判断矩阵具有满意的一致性。

（4）层次总排序：$CR = 0.034\ 3 < 0.1$,通过一致性检验。

7.3 水资源承载力综合评价指数模型

7.3.1 评价指标的无量纲化

各类统计数据一般都具有自身的量纲和分布区间,无法直接进行比较和运算,必须对数据进行标准化处理。用于测度水资源承载力的指标分为两种情况:越大越有利于水资源可持续利用的指标(如人均水资源总量)和越小越有利于水资源可持续利用的指标(如生活污水排放量)。为了综合评价,在对不同量纲指标的初始数据进行标准化处理前,把所有的指标数值转换成统一的含义。采用功效系数评分法对各指标进行无量纲化变换处理,得到各指标的功效系数,功效系数再乘以 100 作为指标的标准化值。

（1）正效应指标。设共确定评价指标 m 个,当前 p 个指标呈正效应时,记第 i 个评价对象第 j 项指标原始值为 X_{ij},则第 i 个评价对象第 j 项指标的标准化值为:

$$X'_{ij} = \frac{X_{ij} - \min(X_{ij})}{\max(X_{ij}) - \min(X_{ij})} \times 100,\ i=1,2,\cdots,\ p;\ j=1,2,\cdots,\ p$$

$$(7.1)$$

式中　X'_{ij}——X_{ij} 的标准化值；

　　　$\max(X_{ij})$——X_{ij} 的最大值；

　　　$\min(X_{ij})$——X_{ij} 的最小值；

　　　p——正效应评价指标个数；

　　　m——总评价指标个数。

（2）负效应指标。对于后 $(m-p)$ 个负效应指标，其第 i 个评价对象第 j 项指标的标准值为

$$X'_{ij}=\frac{\max(X_{ij})-X_{ij}}{\max(X_{ij})-\min(X_{ij})}\times 100,\ i=p+1,\ p+2,\cdots,m;$$

$$j=p+1,\ p+2,\cdots,m \tag{7.2}$$

当 $X'_{ij}=1$ 时，指标代表的项目达到最佳状态；相反，当 $X'_{ij}=0$ 时，达到最差状态。

本课题以黑龙江省为研究对象，统计数据取自《中国统计年鉴》（2004～2010）、《黑龙江省年鉴》（2004～2010）、《黑龙江省环境质量公报》（2004～2010）、《黑龙江统计年鉴》（2004～2010），此外还有黑龙江省环保局和黑龙江省环境监测站提供的大量统计资料。

按照上述计算方法，以 2003 年的统计数据为例，计算得到 2003 年黑龙江省水资源承载力统计指标的标准化数据，见表7.10。

表 7.10　2000 年黑龙江省生态安全评价指标数据无量纲化计算结果

序号	指标名称	当前值	最大值	最小值	无量纲数据
1	人均水资源总量 C_1	0.22	0.26	0.12	0.70
2	供水总量 C_2	245.80	316.30	245.80	0.00
3	城市人均日生活用水量 C_3	166.20	166.20	129.70	1.00
4	城市用水普及率 C_4	80.01	86.56	79.20	0.11
5	工业用水量 C_5	52.50	57.60	52.50	0.00
6	农业用水量 C_6	171.40	237.40	171.40	0.00
7	生活用水量 C_7	18.90	20.30	18.61	0.17
8	生态用水量 C_8	3.00	4.40	0.43	0.65
9	人均国内生产总值 C_9	11 615.00	217 369.00	11 615.00	0.00
10	人均占有耕地 C_{10}	0.25	0.31	0.25	0.00
11	人口自然增长率 C_{11}	2.03	2.67	1.82	0.75
12	单位 GDP 能耗 C_{12}	1.42	1.42	1.21	0.00
13	恩格尔系数 C_{13}	35.60	36.80	33.30	0.34
14	第一产业占 GDP 的比重 C_{14}	12.40	13.10	11.90	0.42
15	第二产业占 GDP 的比重 C_{15}	51.40	54.40	49.80	0.35
16	第三产业占 GDP 的比重 C_{16}	31.50	37.50	29.40	0.26
17	森林覆盖率 C_{17}	42.10	43.60	39.54	0.63
18	城市人均公共绿地面积 C_{18}	6.50	10.47	6.50	0.00
19	水土流失治理面积 C_{19}	3 764.90	4 594.70	3 764.90	0.00
20	工业废水排放达标率 C_{20}	94.17	94.17	85.39	1.00
21	生活污水排放量 C_{21}	68 461.00	76 320.00	68 461.00	0.00
22	城市污水日处理能力 C_{22}	252.80	393.40	248.60	0.03

　　按照同样的计算方法,得出 2004～2009 年各指标的无量纲数据,为水资源承载力的定量评价奠定基础。

7.3.2　黑龙江省水资源承载力综合评价指数模型

黑龙江省水资源承载力综合评价指数模型如式(7.3)、(7.4)所示,某个因素的单元评价分值等于各因子指标分值加权之和,即

$$E_i = \sum_{j=1}^{n} X_j W_j \tag{7.3}$$

式中　　E_i——i 因素的评分值;

$\qquad X_j$——i 评价单元中 j 因子的作用值;

$\qquad W_j$——j 因子的权重值。

$$E = \sum_{i=1}^{3} E_i W_i \tag{7.4}$$

式中　　E——水资源承载力综合评价指数;

$\qquad W_i$——i 因素的权重值。

将水资源承载力综合评价值代入到式(7.3)、(7.4)进行计算,便得到水资源承载力综合评价指数。将指标体系中各评价指标进行无量纲处理,便于应用水资源承载力综合评价指数模型进行综合计算分析,并最终获取水资源承载力综合评价值。由上述的水资源承载力综合评价指数特点以及水资源承载力模型的计算方法可知,各评价指标值通过水资源承载力综合评价指数模型计算后,最终计算获得的水资源承载力综合评价指数仍是无量纲值,介于 0 和 1 之间。1 为水资源承载力综合评价最优值,0 为水资源承载力综合评价最差值。水资源承载力综合评价值越接近 1,表明水资源承载能力越强;水资源承载力综合评价值越接近 0,表明水资源承载能力越弱。计算全部评价单元综合评价指数,直观、定量地表征黑龙江省 2003～2009 年间水资源承载能力状况,评价结果如图

7.1所示。

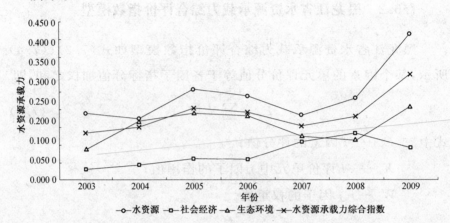

图 7.1　黑龙江省水资源承载力综合指数(2003~2009 年)

计算的时间序列中,2009 年黑龙江省水资源承载力综合评价指数最大,为 0.30;2003 年黑龙江省水资源承载力综合评价指数最小,为 0.130。黑龙江省生态环境子系统、水资源子系统综合水平呈现出不断提高上升的趋势;同样社会经济子系统的综合水平也是呈上升趋势,黑龙江省水资源承载力逐渐增强,水资源承载能力的总体发展趋势逐渐向可持续的趋势发展。

长期以来,黑龙江省依托良好的生态环境与资源,加快经济发展步伐,曾经作为老工业基地和商品粮基地为国家做出了较大贡献。但由于长期形成的资源依赖型产业结构和粗放型经济增长方式,环境与发展之间的矛盾日益显露出来。环境和资源受到一定程度的破坏,环境与发展之间的矛盾日益显露出来,生态问题变得日益突出,环境形势日益严峻。长期的水资源过度开发导致了人均水资源占有量不断减小,地表、地下水环境不断恶化,水资源供需矛盾加剧等问题。

　　由于黑龙江省近些年来越来越重视人居环境、生态建设,尤其是自 1999 年成为第一批生态省建设试点省份以来,生态环境子系统、水资源子系统综合水平呈现出不断提高上升的趋势:同样社会经济子系统的综合水平也是呈上升趋势,这与黑龙江省大力发展高新产业、增强科技创新有密不可分的关系,同时这与黑龙江省这些年来将众多的高污染、高耗水的大中型企业强制搬迁,以及进行技术改造有关,保持这个发展思路和趋势下去,黑龙江省社会经济将会更加地繁荣、发展、进步。

　　水资源的承载能力逐渐向可持续的趋势发展,水资源是其他一些社会经济、生态环境的基础,必须拿出行之有效的水资源发展规划和相对应的管理措施、治理手段,解决好"水资源"这一瓶颈问题。提高黑龙江省水资源承载力,保障黑龙江省社会经济、生态环境、居住环境不断地向可持续的方向发展,采取切实有效的措施,如加快水利工程建设,提高供水保障能力;加大污水处理力度,提高污水回用程度;倡导节约用水,对高耗水、高污染的企业进行严格的把关和控制,鼓励发展高新技术企业等。

7.4　生态足迹理论与内涵

　　生态占用模型(*Ecological Footprint*)通过测算人类的生态占用与生态承载力之间的差距,定量地判断区域的发展是否处于生态承载力的范围之内,评定研究对象的可持续发展状况。据此原理,计算并分析黑龙江省 2003～2009 年水资源生态足迹和水资源生态承载力演变态势,掌握黑龙江省水资源的可持续发展状况,为评价黑龙江省水资源可持续发展状况奠定基础,同时为政府决策提供科学依据。

在一定的技术条件下,维持某一物质消费水平下人的持续生存所必需的生态生产性土地面积即为生态足迹;自然所能提供的为人类所利用的生态生产性土地面积则为生态承载力。生态足迹是测量人类对自然界影响的有效分析方法之一,它用于衡量人类现在究竟消耗多少用于延续人类发展的自然资源。因为人类消耗着自然的产品和服务,每一个人都对我们的星球存在着影响。生态足迹模型主要用来计算在一定的人口与经济规模条件下,维持资源消费和废物消纳所必需的生物生产面积。生态足迹将人类活动对生物圈的影响综合到一个数字上去,即人类活动排他性占有的生物生产性土地面积。它将人类所利用的同热力学及生态规律相一致的生态服务累计起来。"空间互斥性"假设将我们能够对各类生物功能的需求,如食物生产和二氧化碳吸收等,进行加和,从宏观上认识自然系统的总供给能力和人类社会对自然系统的总需求数量。

生态足迹需要考虑那些具有潜在可持续发展能力的各个方面。既然生态足迹理论建立在对地球生物圈所能提供的可再生容量的限制性消费上,就需要将生态足迹账户所核算的人类对自然界的利用,一直扩展到对地球承载力的影响上去。不可再生资源,在其限制自然界的整体性和生产力的前提下,其利用也需要分别纳入生态足迹分析之中。然而,生态足迹并不涵盖有悖于可持续性原则的物质或活动,如对生物累聚物质和生物毒性物质的使用。生态足迹测量了人类生存所需的真实生物生产面积。将其同国家或区域范围内所能提供的生物生产面积相比较,就能够判断一个国家或区域的生产消费活动是否处于当地的生态系统承载力范围之内。

生态足迹分析的思路是：人类要维持生存必须消费所需的原始物质与能源，但人类每一项最终的消费量都可以追溯到生产该原始物质与能量的生态生产性土地面积上。任何一个已知人口的生态足迹，即是生产相应人口所消费的全部资源和消纳这些人口产生的全部废物所需要的生物生产面积，包括陆地和水域。在一定的技术条件下，维持某一物质消费水平下单位人的持续生存所必需的生态生产性土地面积即为生态足迹，这也是人类对生态足迹的需求；而自然所能提供的为人类所利用的生态生产性土地面积则为生态足迹的供给，即为生态承载力。

生态足迹是一种强可持续性的测量手段。当一个地区的生态承载力小于生态足迹时，即出现生态赤字，其大小等于生态承载力减去生态足迹的差，即负数；当生态承载力大于生态足迹时，则产生生态盈余，其大小等于生态承载力减去生态足迹的余数。生态赤字表明该地区的人类负荷超过了其生态容量，要满足其人口在现有生活水平下的消费需求，该地区要么从地区之外进口所欠缺的资源以平衡生态足迹，要么通过消耗自身的自然资本来弥补收入供给流量的不足。这两种情况都反映该地区的发展模式处于相对不可持续状态，其不可持续的程度可用生态赤字来衡量。相反，生态盈余表明该地区的生态容量足以支持其人类负荷，地区内自然资本的收入流大于人口消费的需求流，地区自然资本总量有可能得到增加，地区的生态容量有望扩大，该地区的消费模式具有相对可持续性，其可持续程度可用生态盈余来衡量。

生态足迹分析法是基于以下 5 点假设来进行计算的：

（1）人类可以确定自身消费的绝大多数资源及其产生废物的数量。

（2）这些资源和废物能够转换成相应的生物生产面积。

（3）采用生物生产力来衡量土地时，不同地域间的土地可以用相同的单位（公顷或英亩）来表示。即每单位不同地区的土地面积都能够转化为全球均衡面积。每一个单位的全球均衡面积代表着相同的生物生产力。

（4）各类土地在空间上是互斥的，如当一块土地被用来修建公路时，它就不可能同时是森林、耕地、牧草地等。

（5）分析地球上哪些地域具有生物生产力是可行的，自然系统的生态服务总供给能力和人类系统对自然系统的总需求数量就能够相比较。

7.5 水资源生态承载力计算模型

水资源生态足迹模型主要用来计算在一定的人口和经济规模条件下维持水资源消费和消纳水污染所必需的生物生产性面积。把生态足迹中的水域扩大为水资源用地，将消耗的水资源转化为相应账户的水域面积，然后对其进行均衡化，最终得到可用于全球范围内不同地区可以相互比较的均衡值。本研究中，水资源生态足迹包括生活用水生态足迹、生产用水生态足迹、农业用水生态足迹、生态用水生态足迹、水产品消耗生态足迹。计算公式如下。

（1）生活用水生态足迹，指城市生活用水、农村生活用水及家畜用水在研究时间段的需求：

$$WF_d = N \cdot wf_d = N \cdot a_w \cdot aa_j = a_w \cdot (A_{dw}/P_w) \quad (7.5)$$

式中　　WF_d——总的生活用水生态足迹,hm^2;

　　　　wf_d——人均生活用水生态足迹,$hm^2/$人;

　　　　N——人口数;

　　　　aa_j——人均水域面积,$hm^2/$人;

　　　　A_{dw}——生活用水消耗量,m^3;

　　　　P_w——全球水资源平均生产能力,m^3/hm^2。

（2）生产用水生态足迹,企业在生产过程中用于制造、加工、冷却、洗涤和其他生产过程中对水资源的需求过程。

$$WF_i = N \cdot wf_i = N \cdot a_w \cdot aa_j = a_w \cdot (A_{iw}/P_w) \quad (7.6)$$

式中　　WF_i——总的生产用水生态足迹,hm^2;

　　　　wf_i——人均生产用水生态足迹,$hm^2/$人;

　　　　A_{iw}——生产用水消耗量,m^3;

　　　　N,aa_j,P_w同式(7.5)。

（3）农业用水生态足迹,指用于农业生产过程中对水资源的需求过程。

$$WF_{ag} = N \cdot wf_{ag} = N \cdot a_w \cdot aa_j = a_w \cdot (A_{agw}/P_w) \quad (7.7)$$

式中　　WF_{ag}——总的农业用水生态足迹,hm^2;

　　　　wf_{ag}——人均农业用水生态足迹,$hm^2/$人;

　　　　A_{agw}——农业用水消耗量,m^3;

　　　　N,aa_j,P_w同式(7.5)。

（4）生态用水生态足迹,包括城市环境用水和部分河湖、湿地的人工补水对水资源的需求。

$$WF_e = N \cdot wf_e = N \cdot a_w \cdot aa_j = a_w \cdot (A_{ew}/P_w) \quad (7.8)$$

式中　　WF_e——总的生态用水生态足迹,hm^2;

wf_e—— 人均生态用水生态足迹,hm^2/人;

A_{ew}—— 生态用水消耗量,m^3;

N,aa_j,P_w同式(7.5)。

(5)水产品用水生态足迹,指人工养殖的水产品和天然生长的水产品对水资源的需求。

$$WF_{aq} = N \cdot wf_{aq} = N \cdot a_w \cdot aa_j = a_w \cdot (A_{aqw}/P_w) \quad (4.6)$$

式中 WF_{aq}—— 总的水产品用水生态足迹,hm^2;

wf_{aq}—— 人均水产品用水生态足迹,hm^2/人;

A_{aqw}—— 水产品用水消耗量,m^3;

N,aa_j,P_w同式(7.5)。

(6)根据上述分析,水资源生态足迹为生活用水生态足迹、生产用水生态足迹、农业用水生态足迹、生态用水生态足迹和水产品用水生态足迹之和,计算公式为

$$WF = WF_d + WF_i + WF_{ag} + WF_e + WF_{aq} \quad (7.10)$$

在上述计算中,水资源生态足迹以水资源生产性土地的面积来表达。

(7)根据生态承载力法,建立水资源生态承载力模型。水资源承载力的计算必须综合考虑生态环境以及社会生产,因此,在生态足迹模型中,上述水资源消耗由于投入产出的差异以及地区之间经济技术之间的差异,也应区别对待。严格来讲是水域的生物生产能力仅是水资源承载力和生态足迹的一部分,因此必须对生态足迹理论中的"水域"的定义进行扩充。在生态足迹理论框架内水资源承载力的计算公式为

$$WC = N \cdot wc = (1 - 12\%) \cdot a_w \cdot r_w \cdot Q_w / P_w \quad (7.11)$$

式中 WC—— 水资源承载力,hm^2;

wc——人均水资源承载力，hm^2/人；

a_w——水资源的全球均衡因子；

γ_w——区域水资源产量因子；

Q_w——水资源总量，m^3；

P_w——水资源全球平均生产力，m^3/hm^2。

由于同类生物生产性的土地生产力在不同地区之间存在差异，因而各地区同类生物生产性的土地的实际面积不能直接对比。产量因子就是一个将同类生物生产性的土地转换成可比面积的参数。关于水资源产量因子将在后边详细介绍。同时，根据世界环境与发展委员会的建议，生态承载力应扣除 12% 的面积用于生物多样性保护的生态补偿。同理，在计算水资源生态足迹时也应扣除 12% 的面积用于生物多样性保护的生态补偿。

（8）模型中参数的确定。

① 全球水资源平均生产力为

$$P_w = Q_w/A \tag{7.12}$$

式中　　P_w——水资源全球平均生产力，m^3/hm^2；

Q_w——水资源总量，m^3；

A——计算区域的面积，hm^2。

② 中国水资源产量因子的确定：

$$\gamma = P_i/P_c \tag{7.13}$$

式中　　γ——水资源产量因子（无量纲值）；

P_i——区域单位面积产水量，m^3/hm^2；

P_c——全国单位面积产水量（m^3/hm^2），假设中国的水资源产量因子为 1。

③ 全球范围内水资源产量因子的确定：

$$\gamma_w = \gamma_{wC} \cdot \gamma_{wa} \tag{7.14}$$

式中　　γ_w——全球范围内的水资源产量因子；

　　　　γ_{wC}——中国在全球范围内的水资源产量因子；

　　　　γ_{wa}——某区域在国家范围内的水资源产量因子。

④ 均衡因子的确定：

$$a_w = P_w / P \tag{7.15}$$

式中　　a_w——水资源均衡因子；

　　　　P_w——全球所有各类生物生产面积的平均生态生产力；

　　　　P——某一类生物生产面积的平均生态生产力。

（9）水资源生态赤字和水资源生态盈余。

将一个地区或国家的水资源消耗产生的生态足迹和生态承载力相比较，就会产生水资源生态赤字和水资源生态盈余，见下式：

水资源生态盈余（或赤字）＝ 水资源生态承载力 － 水资源生态足迹

当水资源生态承载力大于水资源生态足迹时，为水资源生态盈余；当水资源生态承载力等于水资源生态足迹时，为水资源生态平衡；当水资源生态承载力大于水资源生态足迹时，为水资源生态赤字。

7.6　模型计算数据

在深入分析《黑龙江统计年鉴》（2004～2010 年），调研相关资料的基础上，对黑龙江省 2003～2009 年的水资源生态足迹进行实际计算和分析。计算过程主要分为两个部分：水资源生态足迹、水资源生态承载力，其中水资源生态足迹部分包括水资源总量、生活用水、生态用水等 6 项,详见表 7.11。

表 7.11　黑龙江省水资源生态足迹计算项目

时间	水资源总量 $10^9\,m^3$	生活用水 $10^9\,m^3$	工业用水 $10^9\,m^3$	农业用水 $10^9\,m^3$	生态用水 $10^9\,m^3$	水产品产量 t
2003	826.8	18.90	52.50	171.40	3.00	41.89
2004	652.1	19.20	53.00	186.30	1.00	43.01
2005	744.3	20.30	55.50	192.10	3.70	44.60
2006	727.9	20.03	57.49	208.26	0.43	47.12
2007	491.848	18.61	57.54	214.75	0.47	34.25
2008	462	18.81	57.55	218.15	2.50	35.58
2009	989.60	18.80	55.70	237.40	4.40	38.10

数据来源:黑龙江统计年鉴(2003~2010).中国统计年鉴(2003-2010)

表 7.12　2003~2009 年黑龙江省水资源概况

时间	水资源总量 $10^9\,m^3$	地表水 $10^9\,m^3$	地下水 $10^9\,m^3$	重复计算量 $10^9\,m^3$
2003	826.8	694.1	291.7	159
2004	652.1	530.6	273.7	152.2
2005	744.3	612	288.8	156.5
2006	727.9	602.2	279.2	153.6
2007	491.848	374.07	232.793 4	115.015 4
2008	462	341.9	247.8	127.7
2009	989.6	845.6	313.4	169.4

数据来源:黑龙江统计年鉴(2003~2010).中国统计年鉴(2003~2010)

7.7 计算结果与分析

通过选择黑龙江省作为具体研究区域,收集、整理和分析该研究区域 2003~2009 年水资源指标数据,计算水资源生态足迹和水资源生态承载力,计算数据来源于国家统计数据库(2004~2010)、黑龙江统计年鉴(2004~2010)。计算结果详见表 7.13~表 7.19,图 7.2。

表 7.13 2003 年黑龙江省人均水资源生态足迹需求计算结果

类型	人均需求面积 /(hm² · 人⁻¹)	均衡因子	生态足迹 /(hm² · 人⁻¹)
生活	0.01	1	0.01
工业	0.03	1	0.03
农业	0.09	1	0.09
生态	0.00	1	0.00
水产品	0.02	1	0.02
总计			0.16

表 7.14 2004 年黑龙江省人均水资源生态足迹需求计算结果

类型	人均需求面积 /(hm² · 人⁻¹)	均衡因子	生态足迹 /(hm² · 人⁻¹)
生活	0.01	1	0.01
工业	0.04	1	0.04
农业	0.13	1	0.13

续表 7.14

类型	人均需求面积 /(hm² · 人⁻¹)	均衡因子	生态足迹 /(hm² · 人⁻¹)
生态	0.00	1	0.00
水产品	0.02	1	0.02
总计			0.20

表 7.15　2005 年黑龙江省人均水资源生态足迹需求计算结果

类型	人均需求面积 /(hm² · 人⁻¹)	均衡因子	生态足迹 /(hm² · 人⁻¹)
生活	0.01	1	0.01
工业	0.03	1	0.03
农业	0.12	1	0.12
生态	0.00	1	0.00
水产品	0.02	1	0.02
总计			0.19

表 7.16　2006 年黑龙江省人均水资源生态足迹需求计算结果

类型	人均需求面积 /(hm² · 人⁻¹)	均衡因子	生态足迹 /(hm² · 人⁻¹)
生活	0.01	1	0.01
工业	0.04	1	0.04
农业	0.13	1	0.13
生态	0.00	1	0.00
水产品	0.03	1	0.03
总计			0.20

表 7.17　2007 年黑龙江省人均水资源生态足迹需求计算结果

类型	人均需求面积 /(hm² · 人⁻¹)	均衡因子	生态足迹 /(hm² · 人⁻¹)
生活	0.02	1	0.02
工业	0.05	1	0.05
农业	0.20	1	0.20
生态	0.00	1	0.00
水产品	0.02	1	0.02
总计			0.29

表 7.18　2008 年黑龙江省人均水资源生态足迹需求计算结果

类型	人均需求面积 /(hm² · 人⁻¹)	均衡因子	生态足迹 /(hm² · 人⁻¹)
生活	0.02	1	0.02
工业	0.06	1	0.06
农业	0.21	1	0.21
生态	0.00	1	0.00
水产品	0.02	1	0.02
总计			0.31

表 7.19　2009 年黑龙江省人均水资源生态足迹需求计算结果

类型	人均需求面积 /(hm² · 人⁻¹)	均衡因子	生态足迹 /(hm² · 人⁻¹)
生活	0.01	1	0.01
工业	0.03	1	0.03
农业	0.11	1	0.11
生态	0.00	1	0.00
水产品	0.02	1	0.02
总计			0.17

　　通过计算可以看出,黑龙江省水资源生态足迹需求逐年增加,到 2009 年水资源生态足迹需求减少;水资源生态承载力呈现波动态势,到 2009 年转变为增加。2008 年水资源生态足迹需求达到最大,为 0.31 hm²/人;2003 年水资源生态足迹需求达到最小,为 0.16 hm²/人;2009 年水资源生态承载力达到最大,为 0.28 hm²/人;2008 年水资源生态赤字为 0.18 hm²/人。2004 年、2006 年、2007 年、2008 年黑龙江省水资源利用均为不可持续状态。2007 年、2008 年黑龙江省水资源总量较前几年有大幅度减少,导致水资源生态承载力下降,因此出现赤字。2009 年黑龙江省水资源总量大幅增加,跟统计口径有直接关系,同时也与黑龙江省近年来采取了一系列切实有效的措施密切相关。2009 年是黑龙江省实施生态省建设的第十个年头,经过十多年的努力,黑龙江省的生态建设取得了一些成效,加快水利工程建设,严厉打击环境违法行为,使黑龙江水环境质量得到有效改善。

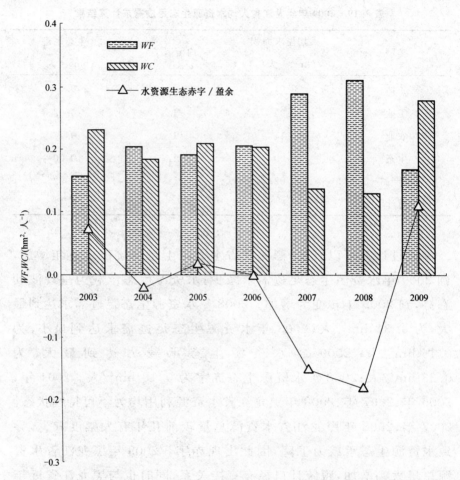

图 7.2 2003～2009 年黑龙江省水资源生态足迹与生态承载力变化趋势

第8章 寒区城市水资源
可持续发展战略

　　水资源是国民经济发展的基础资源,目前已成为制约国民经济发展的瓶颈,为保证水资源可持续利用,促进社会可持续发展,水资源的开发利用和合理配置也应该遵循后发国家的跨越式水利发展模式,在水利行业借鉴发达国家的发展过程,学其经验和教训,少走弯路,以达到水利的发展与整个国民经济发展相适应、相协调的可持续发展目的。

　　开源与节流是解决任何资源短缺的主要途径,因此实现寒区城市水资源承载力的可持续发展,应该从开源与节流着手,分析水资源短缺的原因,研究水资源的合理配置,加强水资源开发与利用的管理。开源,即从寒区城市水资源的产生、构成和供给方面,在绝对数量上增加水资源的使用量,提高水资源的绝对承载力,包括采取水利工程和水土保持手段增加降水的有效利用,提高寒区城市水资源开发利用程度,进行流域和地区间的调水措施等方法。节流,即从寒区城市水资源的需求和使用方面,在相对数量上提高水资源的使用量和使用效率,提高寒区城市水资源的相对承载力,包括调整经济部门用水结构,提高用水效率和效益,建立水市场和水价体系全方位实施节水措施等方法。

　　开源与节流的实现是通过技术、经济、管理、政策和市场等多方面的措施来完成的。这些提高寒区城市水资源承载力,实现寒区城市水资源可持续发展的手段,按水资源承载力内涵和构成可以归类为资源性、结构性和经济性手段,即提高水资源承载力是通过水资源的特性和水资源承载力研究的特点来体现的。

8.1　资源性提高水资源承载力

　　资源性提高水资源承载力是指水资源开源的范畴,即针对资源性缺水和工程性缺水,通过水利工程建设和管理、水土保持工程来调控水资源的时空分布不均匀性,加大雨水利用,增加水资源的有效利用率。

8.1.1　水利工程措施

　　有效的水利工程设施是调整水资源时空分布不均的一种有效方法。新中国成立以来,水利以兴利除害发挥着防洪、灌溉、发电、供水、航运和养殖等重要的作用,但是由于我国人口众多,国民经济近 30 年一直处于高速增长时期,供水类水利工程的建设还远达不到满足人民生活和社会经济以及生态环境用水的需求,水利工程的建设具有一次性投资大、建设周期长、技术复杂以及与生态环境的变化密切等特点。因此,水利工程建设应该在合理安排人口、水资源、社会经济和生态环境协调发展的前提下,统筹安排,适当加大供水工程的资金投入,进而加快供水能力建设,提高水资源的开发利用率,从而进一步提高流域和地区的水资源承载力。

8.1.2　虚拟水资源

虚拟水是国外 20 世纪 90 年代才提出的新概念,是指生产和服务所需要的水资源。虚拟水不是真正意义的水,而是以"虚拟"的形式包含在产品中的看不见的水,因此,虚拟水也被称为"嵌入水"和"外生水"。虚拟水战略是指缺水国家或地区通过贸易的方式从富水地区购买水密集型农产品,尤其是粮食,来获得水和粮食的安全。虚拟水战略则从系统的角度出发,运用系统思考的方法寻找与问题相关的影响因素,从问题发生的范围之外寻找解决区域内部问题的应对策略,提倡出口高效益低能耗水产品,进口本地没有足够水资源生产的粮食产品,通过贸易的形式最终解决水资源短缺和粮食安全问题。虚拟水贸易对于那些水资源紧缺地区来说,提供了水资源的一种替代供应途径,并且不会产生恶劣的环境后果,能较好地减轻局部水资源紧缺的压力。

自虚拟水概念提出以来,虚拟水理论已经在水资源短缺的国家和地区得到了一定的应用。约旦和以色列等一些干旱国家已经有意识地制定了规划政策,减少了高水分产品,特别是农作物的出口。实际上,这些国家以虚拟水形式进口的水量已远远超过了其出口的虚拟水量。通过增加虚拟水,平衡了区域水资源,缓解了国家和地区的水资源短缺。需要进口虚拟水的国家和地区特别需要解决好的是:制造出含水量少的产品用于出口,以交换虚拟水进口。这确实是需要进行合理规划与投资的领域。

调入调出富水和低水含量的产品,间接降低和调整水的分布,间接造成当地水资源数量的变化,这部分变动的水称作虚拟水资源。像调水工程一样,虚拟水的产生为水资源的调整,以及增加当地的水资源提供了可能。为间接提高水资源承载力,在本流域可以生产低耗水的粮食或工业产品,在其他水资源丰富的流域和地区,可以生产高耗水产品,然后进行高耗水产品和低耗水产品的交换。通过贸易交换,水资源丰沛地区帮助缺水地区改善了水资源匮乏状况,也使得缺水国家或地区避免去寻找水源,而是进行大量的、虚拟水含量高的粮食贸易。这对于促进干旱国家或地区节水,提高全球或区域粮食安全,改善生态环境都具有积极意义。调出和调入虚拟水资源能间接改变水资源的供给数量,达到了直接提高水资源承载力的目的。

虚拟水以"无形"的形式寄存在其他商品中,其便于运输的特点使贸易变成了一种可以缓解水资源短缺的有用工具。虚拟水新思维对解决黑龙江省生态环境安全和社会经济可持续发展都具有重要意义。

实行虚拟水战略需要解决的问题很多,需要从科学理论、区域政策体系和水资源管理层面上进行深入研究。

首先,需要科学地定量评价产品中的虚拟水含量,对有关计算方法进行完善修正,使产品虚拟水量化更符合区域生产实际;其次,社会资源的适应性能力是能否成功运用虚拟水战略的关键,需要加强研究;第三,虚拟水战略对国家或地区的水资源、生态、经济和社会文化的影响;第四,虚拟水战略下国家(或地区)应对策略选择,等等。因此,建议国家大力加强虚拟水战略研究力度,认真探讨虚拟水相关理论问题及应用问题,为国家决策提供准确坚实的科学依据。

成功应用虚拟水战略需要在有关政策和管理体制上进行大力

完善和改革。首先必须改革流通体制,放开市场准入,塑造多元化的经营主体,打破国有粮食企业垄断经营局面,深化国有粮食企业改革,同时对粮食调换给予一定的政策补贴;其次,加大财政转移支付力度,建立健全社会保障体系。在产业结构战略性调整与转型、退耕还林(草)等生态环境建设造成农民收益下滑的阶段内,需要国家加大财政转移支付力度,设立专项基金用于补贴采用虚拟水战略后的粮食进口,同时针对采用虚拟水战略后对区内粮食需求降低导致的农村剩余劳动力增加,需要建立对应的社会保障体系。

8.1.3　污水资源化

生活和工业等使用过的废水和污水未经处理直接排放,对生态环境造成污染,并且也浪费了资源。将废水和污水经过处理后,作为一些对水质要求不高的部门中水回用,如冲洗业、城镇花草浇灌用水、污水灌溉等,实现污水资源化,不但大量节省了供水量,而且可以解决水污染问题,一举多得。由于相对地提高了水资源数量,节约了生态环境用水,从而提高了水资源承载力。目前我国污水处理率还很低,1997 年我国城市污水集中处理率仅为 13.65%,远远达不到发达国家的 80%～90% 的城市污水处理率和污水资源化水平,污水资源化的发展空间还很大,污水资源化处理在相当大的程度上将缓解我国农业与生态供水不足的压力。

污水深度处理有别于污水三级处理。三级处理是在二级处理流程之后再增加处理设施,以取得良好的水质,满足排放标准的要求。深度处理与再生的概念是在污水进行二级处理的基础上,通过改进二级处理工艺或增加处理单元,进一步去除水中的难降解有机物和 N、P 等营养物质,满足某种具体回用对象的水质要求,或使排放到自然水体中的处理水能够满足水体自净的环境容量要求,不影响当地或者下游城市和地区的正常使用,以促进健康水社会循环的建立。

污水深度处理与再生利用已在经济发达国家推广,甚至普及。1996 年日本有 162 处污水处理厂有再生水设备,再生水利用量为 $48 \times 104 \ m^3/d$。西欧各国远早于 20 世纪 80 年代,深度处理率已达到 50%~80%。

污水的深度处理与有效利用有多种不同形式。最初出现的形式是"中水道","中水道"起源于日本。中水(再生水/回用水)主要是指城市污水或生活污水经处理后达到一定的水质标准,可在一定范围内重复使用的非饮用的杂用水,其水质介于上水与下水水质之间。中水的输送、分配系统称为中水道。

按照当前再生水利用的发展阶段和应用范围,再生水系统主要有以下 4 种方式:建筑中水,小区中水道,城市再生水道,流域水循环系统。

1. 建筑中水

建筑中水立足于建筑大厦内部的污水处理和回用系统。该系统是将单体建筑物产生的一部分污水,经设在该建筑物内的处理设施处理后,作为中水进行循环利用。该方式具有规模小、不需在建筑物之外设置中水管道、较易实施等优点,但单位水处理费用大,不易管理,并存在卫生上的问题。

虽然建筑中水对于缓解水资源短缺曾作出一定贡献,具有积极意义。但是应指出,小区、大厦中水系统由于其单元规模小、成本核算高、运行操作复杂等因素,常常不能稳定运行。已出现多处此类中水系统建成后短期内便停运的现象。例如,深圳特区自 1992 年颁布《深圳经济特区中水设施建设管理暂行办法》以来,建成中水工程 29 座,总规模达 400 m^3/h。现在,大多数中水工程已停止使用,只有百花公寓和长乐花园 2 个中水工程还在不正常运行,规模为 30 m^3/h。

因此,事实已经证明了建筑中水的局限性,已经不足以适应目前发展的需要。只有将小区、大厦中水系统纳入城市污水回用大系统成为城市或区域中水道,其经济效益、管理水平才会有大幅度提高。

2. 小区中水道

该系统可用在小区、机关大院、学校等建筑群,共同使用一套中水输送管道及处理设施供应中水。小区中水道的特点是规模相对较大,较建筑中水的综合效益有较大提高。但运行管理需要专业技术人员,对小区的人员、管理水平有较高的要求。

3. 城市再生水道

该系统的水源取自城市二级污水设施的出水,再生水处理设施可设于城市污水处理厂区内,亦可设于接近再生水大用户的位置,城市二级处理出水经深度处理后,达到再生水水质标准,供给工业、农业、生活、景观绿化、市政杂用等。城市再生水道是目前应用研究的主要方向之一。新建或有条件改造的原污水二级处理厂,应该统筹规划设计污水处理、深度处理的全部流程,在各净化单元之间合理分配污染物净化负荷,建立污水再生全流程水厂。

4.流域水循环系统

流域水循环系统是广义上的"再生水道系统",该系统的实质是从恢复水环境、实现流域水健康循环的角度出发,以流域为单位,规划若干城市群的污水再生利用系统,并与流域水系功能相结合,实现流域内城市群间水资源的重复与循环使用,以获取整个流域最佳水资源生态效益、经济效益和社会效益。由于此项工作需要强大的宏观调控作用,同时还会影响到某些局部城市的短期利益,因此其研究和应用还十分缺乏。

在建筑中水、小区中水、城市(区域)再生水道这几种污水再生回用方式中,城市再生水道具有经济、高效、可靠等诸多优点,并且是流域水循环系统的基本单位,已经逐渐成为发展的主导方向。这种城市范畴上的再生水供应系统是城市水系统走向健康循环的桥梁,是我国水环境恢复、达成水资源可持续利用的切入点。

根据不同用户的水质需要,再生水可应用于以下几个方面:

(1)创造城市良好的水系环境。补充维持城市溪流生态流量,补充公园、庭院水池、喷泉等景观用水。日本从 1985～1996 年用再生水复活了 150 余条城市小河流,给沿河市区带来了风情景观,深受居民欢迎。北京、石家庄等地也利用污水处理水维持运河与护城河基流。

(2)工业冷却水。大连春柳河污水处理厂早在 1992 年就投产了污水再生设备,生产再生水 10 000 m^3/d,主要用于热电厂冷却用水,少部分用于工业生产用水,运行 10 多年来效果良好,效益可观。

(3)道路、绿地浇洒用水。大连经济开发区应用污水再生水喷洒街道花园、林荫树带,节省了大量自来水。喷洒用水的水质要求应该比工业用水更严格,因为它影响沿路空气并可能与人体部分接触。

(4)建筑中水。建筑中水以冲厕所等杂用水为主,一般是以大厦或居民小区为独立单元,自行循环使用。

(5)城市再生水道。在有条件的城市可以在大片城区内建设广域再生水道,以工业冷却用水,绿地、景观用水,河床生态基流为主,并可结合建筑中水,形成统一再生水供水系统。

(6)融雪用水。日本融雪用水占全部再生水使用量11%,在我国北方也有应用前景。

(7)农业用水。污水处理水用于农业灌溉不仅节省了水资源,同时也使回归自然水体的处理水又经进一步净化。污水处理水用于农田应满足农田灌溉标准,一般二级水经过适当稀释就可以达到水质要求。

(8)污染物处理用水。在处理城市固体废物时,可利用再生水作溶剂,不但可节约自来水用量,同时还可充分利用再生水中含有的一些杂质,省去另加药剂,降低处理费用。例如在烟道气的处理中用污水再生水比用自来水的处理效率还要高。国外还利用回用水处理生活固体垃圾,回收其中的有用物质。

(9)含水层贮存与回收(Aquifer Storage Recovery,ASR)是将雨水、处理后的水通过注入井、湿地等地下含水层中贮存起来,必要时抽取使用。

8.1.4 跨流域调水工程

调整水资源时空不均的另一个重要途径就是跨流域调水工

程。跨流域调水工程实际上是水利工程措施的一种,但从水资源开发利用和水资源承载力研究的模式来看,这里认为水利工程措施一般指提高流域内自然水资源数量的措施,而跨流域调水工程是指增加流域供水数量的非本流域自然水资源因素,这种增加水资源供给能力的方法是和海水淡化相同的提高水资源承载力措施之一。

实施跨流域调水工程的前提条件是当地的水资源开发利用率已经很高,本地水资源开发潜力和节水潜力已经很低,并且缺水已经严重影响当地的人口、社会经济和生态环境的可持续发展,而且有逐渐加重的趋势。在资金和技术条件具备的条件下,保护好现有的水资源,用好自己的水资源,才能采取跨流域调水工程。

抓住重大历史机遇,在新的起点上奋力推动水利改革发展新跨越,为促进经济长期平稳较快发展,夺取全面建设小康社会新胜利提供坚实的水利保障。大幅提高寒区城市供水保障能力。在保护生态前提下,抓紧建设骨干水源工程和河湖水系连通工程,积极推进跨流域、跨区域调水工程建设,加快实施重点水源工程建设规划,尽快建设一批中小型水库、引提水工程,大力推进非常规水资源利用,全面提高水资源调控水平和城乡供水保证率。同时,继续推进农村饮水安全工程建设。加强重点区域及山洪地质灾害易发区水土流失防治,开展生态脆弱河流和地区水生态修复,实施农村河道综合整治,大力推进水电新农村电气化建设,扩大小水电代燃料工程规模,力争使重点区域水土流失得到有效治理,水生态环境状况明显改善。

8.2　结构性提高水资源承载力

结构性提高水资源承载力是指从调整产业结构、控制人口增长、合理保护生态环境等需水方面节省水资源供给量,发挥有限水资源的使用效率和效益,从而达到提高寒区城市水资源承载力,实现水资源可持续发展的目的。

8.2.1　控制人口增长

人口是水资源最主要的承载对象,人口数量与水资源承载力成反比关系。而且按照社会经济发展目标,人均水平是反映发展水平的重要指标,人数的增加同时带动了经济总量和其他资源使用总量的增加,因而造成水资源供给总量的增加,降低了有限水资源的承载力。所以控制人口不但能提高有限水资源的承载力,也是实现资源可持续利用的重要决策。

地球上淡水资源有限,人口增长必然会造成水源的短缺。随着人们生活水平的提高,对水的需求量增大,而工业的发展对水的消耗、工业废水处理不当、农药的使用导致对淡水的污染,加之人们节水意识不强,使水资源更加短缺。

由于人口的增长,科学技术的不断进步,人们不断扩大物质需要,这与有限的资源造成尖锐的冲突,人多地少,必然导致人们开垦荒地,其结果改变了生态系统的结构和功能。这些改变不仅破坏了生态系统原有的平衡状态,同时也触发了一些自然灾害的发生。

严格控制人口增长,必须把着眼点放在基层。解决人口增长带来的与资源、环境之间的矛盾问题,最有效的办法是控制人口数量,提高人口素质。使人口增长与社会经济的发展相适应,同资源利用和环境保护相协调。

8.2.2　调整产业结构

由于产业结构的配置直接影响用水的数量,所以在保证国民经济发展目标实现的前提下,调整产业结构,根据流域的水资源状况,限制高耗水产业的发展,大力发展低耗水产业,从而提高水资源的利用率和水资源承载力。目前我国产业结构发展还很不合理,存在相当大的差距。显然,第一产业的用水定额最高,第二、三产业的用水定额较低,加上产业结构比例的关系,第一产业占整个国内生产总值的比例最低,因此调整产业结构,优先发展低耗水行业,对提高水资源承载力影响很大。当然产业结构的变动是社会经济综合协调发展的结果,不仅仅是水资源影响的结果。

促进产业结构的优化升级是水资源可持续利用的重要方面。工业结构战略性调整是十分艰巨而复杂的系统工程,其中一项重要的基础性工作是对区域内的工业部门进行科学分类。按照产业结构的理论,理清区域的主导产业、支柱产业和先导产业,是搞好结构调整的基本前提。

根据产业结构的功能特性,主导产业是指市场前景好、技术先进、增长率高、关联度强,在经济起飞或产业结构转换时期,对产业结构转换起主要推动作用,对其他产业辐射带动作用大的产业或产业群,具有承前启后、牵动全局的战略功能,在区域经济中居于支配地位。区域产业结构优化升级和经济协调发展的功能就是主导产业培育、壮大、循序更替的过程。只有在产业结构调整中,正确选择主导产业,并采取积极的措施促进其加快发展,逐步实现工业结构的科学合理化,从而促进省域经济—社会—环境复合系统的可持续发展,实现水资源的宏观调控。

产业结构的形成和发展,必须充分发挥市场机制的基础性作用,尊重市场选择的客观规律,同时积极发挥政府的宏观调控作用。要科学运用经济、法律等政策手段为市场服务,弥补市场缺陷,引导经济持续健康发展。同时,要恰当有效地发挥政府对主导产业可持续发展的支持作用,必须从根本上转变政府职能,寻求政府干预与市场调节的最佳结合点。推动产业结构不断向高级化演进,加快地区结构、行业结构调整的步伐,突出发展国民经济新的增长点。不仅对黑龙江省经济增长的粗放型格局有明显改观,而且对促进经济发展,提高相对自然资源承载力有巨大的推动作用。

8.2.3 重视生态环境保护

随着我国现代化进程一步步实现,人们的生活水平大大提高,对生态环境的要求也越来越高,故生态环境的需水量也越来越大,这对水资源的需求造成很大的压力。但是如果不重视生态环境,没有足够的资金和技术投入到生态环境建设和保护中,生态环境一旦遭到破坏,必将危及人类自身生存的安全,会需要较长的时间,花费更大的代价和水资源量才能得到恢复。因此要重视生态环境建设,保护好生态环境、涵养水源,从总体上降低成本,从长远意义上提高水资源承载力。

以往重经济发展与项目建设,轻生态环境保护的现象比较普遍,生态环境的保护得不到足够的重视,甚至把经济发展与环境保护对立起来,往往只强调经济发展不管环境破坏,只追求眼前利益不顾长远发展,经济的发展则是建立在以牺牲环境为代价的基础上,一些招商引资项目把关不严,名为资源导向型实为资源消耗型,甚至是环境污染型、生态破坏型,不少开发建设项目只开发不保护,只破坏不防治,甚至是掠夺式的开发,一些露天开采的矿山企业是最典型的。

目前生态环境保护方面的监督力度还是比较薄弱的:

(1)监督力量不足,人员素质参差不齐。

(2)监督体系不顺,往往是部门单打独斗地唱独角戏,封山育林单靠林业部门,水土保持是水保部门一家的事,环境保护也只是环保部门一家的事,并且监督执法力量都浮在县一级,乡村基层因法律授权的局限较少有监督执法权,导致下面看得到却管不了,上面管得了却看不到也管不了那么多。

(3)生态环境保护往往上面热下面冷,许多生态环境问题领导重视部门急,地方和群众却不当一回事。

(4)部门执法不严,往往以审批代管理,以收费代监督,以罚款代执法,问题照样没解决。

(5)执法环境差,干扰阻力大,案件查办难,违法成本低,助长了一些人的违法行为。

事实上,如果生态环境遭到严重破坏,生态环境生存环境恶劣,也不可能取得真正意义上的发展,即使发展了也是一时的而难以长远持久下去。这些年来我们上上下下重视经济建设、重视上项目、重视经济量的增长,而对发展的质量与水平则相对重视不够甚至被忽视,上项目时环境评估往往流于形式,审批把关不严,一些重点招商引资项目和重点工程建设更是如此,实施过程中生态环境保护的监管相关部门普遍存在难有作为的现象,有的甚至把部门认真依法监管当成影响发展环境的阻力。

今后的发展规划需要统筹谋划、科学制定,并在工作中始终贯彻科学发展可持续的理念,坚持发展为先,生态为重,经济发展与生态文明有机统一,两手抓两手都要硬,把生态文明建设摆上重要工作日程,以生态文明推动寒区城市经济发展方式的转变,以生态文明推动寒区水资源可持续发展的新跨越。具体措施如下:

(1)加快水利工程建设,提高供水保障能力。水利工程是挑战水资源时空分布不均的一种有效方法。加快水利工程建设,尤其是供水类水利工程、外来调水等方面的建设,使之满足人们生产生活、经济社会发展以及生态环境用水的要求。

(2)加大污水处理力度,提高污水回用程度。采用行政、经济、法律等多种手段,加大污水处理力度,提高污水回用程度。限制污染型工业的发展,工业废水和城镇生活污水要处理后达标排放。应将污水资源化,重复利用。

(3)倡导节约用水。节水是提高水资源承载力的重要一环。当前我国的水资源利用效率和节水水平与发达国家相比还存在明显的差异。居民生活用水、农业灌溉用水及工业生产用水都存在着很大的节约空间。

(4)继续对高耗水、高污染的企业进行严格的把关和控制;鼓励发展高新技术企业,并制定出相应的奖惩措施。

8.3 经济和技术性提高水资源承载力

　　水资源的利用效率和效益以及节水技术水平存在着很大的发展空间,要充分考虑节水的途径和方式。建立健全水资源在市场经济模式中的优化配置体制,并使其产生巨大的综合效益,同时要加强水资源开发利用管理的法规和宣传工作。

8.3.1 节水

　　节水是提高水资源承载力的重要环节,是我国水资源管理的首要任务,应当将节水当作一项长期的战略任务来抓。目前,我国水资源的利用效率和效益以及节水技术水平都很低,明显低于发达国家的用水效率和效益水平,水资源承载主要对象的人口生活用水、农业灌溉用水、工业生产用水都存在着很大的节省空间。

　　节制用水首先是一种水资源利用观念,或者是水资源利用的指导思想。在水资源开发利用过程中,不仅要节省、节约用水,更要在宏观上控制社会水循环的流量,减少对自然水循环的干扰。从这个意义上看,节制用水不是一般意义上的用水节约,它是为了社会的永续发展、水资源的可持续利用以及水环境的恢复和维持,通过法律、行政、经济与技术手段,强制性地使社会合理有效地利用有限的水资源。它除包含节约用水的内容外,更主要在于根据地域的水资源状况,制定、调整产业布局,促进工艺改革,提倡节水产业,清洁生产,通过技术、经济等手段,控制水的社会循环量,合理科学地分配水资源,减少对水自然循环的干扰。它与节约用水两者的区别可简要总结于表 8.1。

表 8.1 节约用水与节制用水区别

项目	节约用水	节制用水
出发点	道德、责任、经济	可持续发展
介入点	已有的产业结构和布局	尚未规划或重新规划产业结构与布局
归宿点	提高具体行业的用水水平	实现水的社会循环与自然循环协调发展
实施主体	个体、用水单位	社会整体、政府水管理部门

水资源的短缺和昂贵的污水处理费用,要求每个城市都要大力节制用水,以缓解水荒和经济重负。节制用水是为了人类的永续发展,将水视为宝贵的有限的天然资源,在各领域均应改变观念,由传统的"以需定供"转变为"以供定需"的需求侧管理(DSM),在国土规划上要将水系流域和城市统筹考虑,渗入节制用水的理念,在保障适宜生态环境用水基础上,合理规划、调整区域经济、产业结构和城市组团,促进工艺改革,提倡清洁生产与节水产业,采取以供定需,合理分配水资源,不断提高用水效率。

对于普通用户来说,主要是节约用水的范畴。按照不同用水户可分成工业、农业、生活节水等方面。

城镇生活用水 1997 年国内为人均每天 189 L,低于发达国家的 250 L,农村生活用水定额管理更低,为人均每天 88 L,表面上看用水量较低,实际上是生活水平和生活质量低造成的低水平用水。城镇的供水、用水设施和节水技术都很低,现使用的卫生、生活用水器具耗水量大、供水管道漏水严重,因此,在提高生活用水质量的同时,节水提高用水效率是长期的任务,在我国城镇化发展要求逐步加大的情况下,城镇生活用水的增长将成为未来城镇供需的主要矛盾。

  农业是国民经济的基础,但农业是用水大户,用水的绝对数量和占水资源可供水的相对数量都很大,目前全国农业用水占供水量的 70％左右,华北地区甚至占 80％以上。农业灌溉用水浪费惊人。由于我国农业灌溉方式落后,很多耕地采用大水漫灌的方式,喷灌、滴灌等先进的灌溉方式采用的较少,渠道的跑、漏现象严重。全国农业灌溉水的有效利用率只有 40％,仅为发达国家的 1/2 左右;每立方米水的粮食生产能力只有 0.87 kg 左右,远低于 2 kg 以上的世界平均水平。当前我国农作物水分生产率平均为 1 kg/m³ 左右,而发达国家可以达到 2.32 kg/m³。从国民生产总值用水效益上看,美国国民生产总值用水效益:10.3 美元/m³,日本:32.4 美元/m³,我国:10.7 元人民币/m³,分别是美国的 1/8、日本的 1/25。所以,我国节水有着巨大的潜力。专家预测,如果采用节水农业,到 2030 年我国灌溉水的利用系数可达 0.65,农作物水分生产率可达 1.5 kg/m³。

  采用节水灌溉,就是用较少的水取得较高的产出效益,改变农业粗放式灌溉。节水灌溉能有效缓解水资源不足的问题,是传统农业向高产、高效转变的重大战略举措,是解决农业干旱缺水的根本措施,也是对传统灌溉方式的一场革命。例如,以色列是一个水资源紧缺的国家,人均水资源占有量仅 365 m³。为了利用好有限的水资源,以色列制定并严格执行一系列的政策措施,使得单位面积的平均灌溉水量由 1975 年的 8 700 m³/hm² 下降到 5 500 m³/hm²,同时在农业总用水量不增加的情况下农业产出增长了 12 倍。法国水资源比较丰富,但时控分布极不均匀,尤其是法国南部水资源较为紧缺。为此,法国建立了良好的灌溉设施以及完善的灌溉服务体系和管理体制。法国南部,由参加用水户农场主和其他用户共同拥有和使用灌溉设备,用水者协会负责集体开展的工作、统一管理设备和维护工程设施;农民负责履行协会集体作出的决定、水费收取和管理到位。水费至少可以支付运行和维护费用,有时还可以支付部分工程建设投资。

相比之下,我国农业灌区面临着许多问题,主要有:许多古老的灌溉工程得不到及时维护,长期带病运行;不少工程与机电设备设计标准不配套,许多土法上马和群众运动搞起来的项目占据相当份额,工程质量达不到原有设计要求,一些灌区工程自竣工之日起就是"病号";由于过去我国存在重建设轻管理、重开源轻节流、重骨干轻田间等倾向,工程基本建设资金容易到位,而正常的工程配套、维修、管理等资金却难以落实,小缺陷渐渐变成了大隐患。

农业是用水的大户,发展节水是农业的当务之急,一方面是在农业生产中推广节水技术,如对各级渠道进行防渗守砌,逐步推广喷灌、微灌、管灌等高效灌溉方式,选用抗旱优质品种,完善秸秆还田、地膜覆盖等保墒措施;另一方面则是尽快出台一系列配套政策措施,建立完善的用水、节水运行机制,提高我国用水效率,以确保农业和国民经济的可持续发展。

另外,节水的另一目的是减少了污水的排放。节水不但能减少水量的使用消耗,同时节水也能从总量上减少污水排放量,从而减少了对环境的污染。生活污水,尤其是工业污水排放的处理和控制都会大大减少水资源的浪费。

目前在寒区城市建成节水型社会的困难还很多,主要是水市场尚未完全形成,人们的节水意识还不高,很大程度上人们认为水是取之不尽用之不竭的,珍惜意识不强;其次是技术水平不够,节水设施还有很大的发展空间;资金的不足也是制约节水技术发展和实施较慢的主要原因。

8.3.2　水资源统一管理

社会主义市场经济的建立为水资源市场的建立提供了背景。我国经济体制正从计划经济向市场经济转变,水资源如何在市场经济模式中得到最优配置并产生巨大的综合效益是一个至关重要的问题。现代产权经济学认为,产权制度对资源配置具有根本的影响,它是影响资源配置的决定性因素,水资源产权制度完善与改革对水资源开发利用和保护管理具有不可替代的作用,市场经济需要完善水资源产权,水资源产权交易又离不开水资源市场。

建立水资源市场是可持续发展的需要。不合理的资源定价方法导致了资源市场价格严重扭曲,表现为自然资源无价、资源产品低价以及资源需求的过度膨胀,在自然资源使用分配中引入市场机制,实行"使用者付费"的经济原则,以促进采取有益于环境方式开发自然资源,利用经济手段和市场刺激,研究、鼓励和采用自然资源定价和资源开发技术。

受计划经济和传统观念的影响,目前我国水资源在一些农村地区没有定价,即使城镇有价格的价格也太低,水资源市场难以达到调节作用。低廉的水价,难以有效地约束用水单位和个人,形成高效的节约机制,造成水资源浪费惊人,水资源供需的矛盾加剧必然要求建立水资源市场。

明确目标,理顺城乡分割、部门分割、条块分割的水资源管理体制,整合相关部门涉水管理职能,把供水、排水、节水、污水处理、中水回用职能划入水务部门,实施城乡水务一体化管理。因此,水资源市场的建立,将促使水资源价值观念的形成和水价理论的形成,人类像珍惜其他商品一样珍惜水资源,更有效地利用水资源,节约水资源,水资源承载能力将得到提高。

加强水资源基本资料的调查研究,总结推广国内卓有成效的管理经验,学习采用国外先进的管理技术。此外,采用现代计算机技术和水资源系统分析方法,选择最优的开发利用和管理运用方案,乃是水资源管理的发展方向。利用报刊、广播、电影、电视、展览会、报告会等多种形式,向公众介绍水资源的科普知识,讲解节约用水和保护水源的重要意义,宣传水资源管理的政策法规,使广大群众认识到水是有限的宝贵资源,自觉地用好并保护好水资源。涉及国际水域或河流的水资源问题,要建立双边或多边的国际协定或公约。

8.3.3　加强水资源开发利用管理的法规和宣传工作

建立水资源市场、控制人口增长、调整产业结构、水资源统一管理等提高水资源承载力的途径和方法都必须通过建立健全法规和政策,并通过大力的宣传教育工作才能实现。我国已经颁布了一系列水资源开发利用和保护管理的规章制度、技术标准、行政法规,但是随着社会的发展、技术的进步、市场经济的建立以及水资源的日益短缺,规章制度都要相应地进行改进、拓宽和更新,要与社会的发展相适应。

水资源的分割管理、部门交叉重叠、以行政分区体制管理水资源也是导致用水效率低下、浪费严重、污染不能控制的重要原因。此外,过去在经济发展中,对于生态用水问题重视不够,普遍存在挪用、挤占生态用水现象。为了防止生态环境的恶化,必须在各流域的水资源规划中确保生态环境用水。

在目前寒区城市水资源紧缺和水污染问题越来越突出的情况下,应该将原来那种水量与水质分开、地表水与地下水分开、供水与排水分开、城市与流域分开管理的体制,改为对供水、节水、污水处理及再生回用、水资源保护等实行统筹管理的新体制。实现流域水资源水量与水质统筹、传统水资源与污水回用及海水利用统筹、流域上下游统筹的管理。以利于促进水资源的开发、利用和保护,有利于统筹解决洪涝灾害、水环境恶化等问题,有力地保障了社会经济的可持续发展和水资源的可持续利用。这种统筹管理将贯彻到其他策略的制定、执行、监督等各方面工作之中。

目前,我国七大水系都有流域委员会,但还没有权利和能力统筹管理流域水系和社会用水健康循环,只是水权分配和水利工程建设。而各水系水体都有不同程度的严重污染,流域委员会应是流域水资源管理的权威机关,直属国务院的水事权力机构,有领导各地方政府和各部委在本流域水事活动的权力。同时应当有立法权力,其颁布的法令能进入地方法规,地方法规支持委员会的行动。

它的职责是:

(1)制定流域水系健康循环规划。

(2)制定流域内各河段水体功能和排放水标准。

(3)协调环保局、水利厅、建设厅的水事职能。

(4)节制流域内各省、市、县的取水量,确定污水再生排放水质。

(5)建立流域水信息中心,建立环保、水利、建设各部门间信息共享,统一部署水文、水质检测网络。

（6）建立完善的水源、供水和污水收费体制。

人们对规章制度的执行情况如何直接关系水资源的开发利用和管理的效果，也就是说，不但要建立健全法规和制度，而且还要有保证这些法规和制度有效执行的策略，因此做好宣传教育工作，让人们充分认识到水资源的重要性和有限性，增强生态意识、环境意识、可持续发展意识，自觉爱护环境，保护水资源，以提高水资源承载力，以水利可持续利用促进社会可持续发展。

参考文献

[1]王友贞. 区域水资源承载力评价研究[D]. 南京：河海大学，2005.

[2]龙腾锐，姜文超，何强. 水资源承载力内涵的新认识[J]. 水利学报，2004，(1)：38-45.

[3]王浩. 西北地区水资源合理配置和承载能力研究[M]. 郑州：黄河水利出版社，2003.

[4]赵士洞. 可持续发展的概念和内涵[J]. 自然资源学报，1996，11(3)：15.

[5]李文华. 持续发展与资源对策[J]. 自然资源学报，1994，9(2)：21.

[6]《中国 21 世纪议程》编制小组. 中国 21 世纪人口、环境与发展白皮书[M]. 北京：中国环境科学出版社，1994.

[7]于兴丽，陈兴鹏，蒋莉. 甘肃省 1990～2002 年生态足迹的计算与分析[J]. 干旱区资源与环境，2007，21(2)：100-103.

[8]陈志恺. 人口、经济和水资源的关系[J]. 中国水情分析研究报告，2000(1)：3.

[9]HAYASHI T, ITOH T, KOBAYASHI K, et al. Safety handling characteristics of high～level tritiated water[J]. Fusion Engineering and Design, 2006，(81)：1365-1369.

[10]徐中民，程国栋. 运用多目标分析技术分析黑河流域中游水资源承载力[J]. 兰州大学学报，2000，36(2)：122-132.

[11]孙富行. 水资源承载力分析与应用[D].南京：河海大学，2006.

[12]张铖. 近 10 年人工智能的进展[J]. 模式识别与人工智能，1995(8):54.

[13]清华大学等. 运筹学[M].北京:清华大学出版社,1992.

[14]龙腾锐,姜文超,何强. 水资源承载力内涵的新认识[J]. 水利学报，2004,(1):38-45.

[15]左其亭. 城市水资源承载能力——理论·方法·应用[M].北京:化学工业出版社,2005.

[16]钟水映,简新华. 人口、资源与环境经济学[M]. 北京:科学出版社,2007.

[17]张杰,曹相生,孟雪征. 水环境恢复原理及我国的工程实践[J]. 北京工业大学学报,2006(2):161-166.

[18]张杰,熊必永.创建城市水系统健康循环促进水资源可持续利用[J]. 沈阳建筑工程学院学报(自然科学版),2004(3):204-206.

[19]张杰.水健康循环原理与应用[M].北京:中国建筑工业出版社,2006.

[20]王浩,王建华,秦大庸,等. 现代水资源评价及水资源学学科体系研究[J]. 地球科学进展,2002,17(1):12-17.

[21]肖迪芳,张鹏远,廖厚初. 寒冷地区地下水动态规律分析[J].黑龙江水专学报,2008,35(3):120-128.

[22]邹淑芳,王晓光,王志刚. 东北地区地下水资源与可持续利用[J]. 东北水利水电,2006(6):38-42.

[23]邸志强,苗 英,贾伟光,等. 东北地区水资源现状及可持续利

用对策[J].地质与资源,2004,13(2):113-115.

[24]张总祜,李烈荣.中国地下水资源(吉林卷)[M].北京:中国地图出版社,2005.

[25]李长辉,马顺清.青海省地下水资源及水资源利用开发建议[J].青海国土经略,2004(4):23-25.

[26]张总祜,李烈荣.中国地下水资源(辽宁卷)[M].北京:中国地图出版社,2005.

[27]吕立新.吉林省地表水资源分布规律分析[J].东北水利水电,2010(12):39-40.

[28]张总祜,李烈荣.中国地下水资源(黑龙江卷)[M].北京:中国地图出版社,2005.

[29]晏萍,詹发余,祁兰英.青海省地表水资源综合遥感分析及开发利用对策[J].青海国土经略,2007(1):39-43.

[30]杨晓晖,杨学良.青海省水资源及其利用浅议[J].青海环境,2004(4):149-152.

[31]杨小锋.西藏水资源的特点及开发利用的探讨[C]//中国水利学会2005学术年会论文集.北京:中国水利水电出版社,2000.

[32]卞艺杰.中国水利可持续发展理论与方法[D].南京:河海大学,2000.

[33]罗上华,马蔚纯,王祥荣,等.城市环境保护规划与生态建设指标体系实证[J].生态学报.2003,23(1):45-55.

[34]HILL M J, BRAATEN R, VEITCH S M, et al. Multi~criteria decision analysis in spatial decision support the ASSESS analytic hierarchy process and the role of quantitative meth-

ods and spatially explicitanalysis[J]. Environmental Modelling & Software, 2005, 20(7):955-976.

[35]高素芳. 城市水资源承载力评价指标体系研究[D].乌鲁木齐:新疆师范大学,2005.

[36]付强,梁川. 节水灌溉系统——建模与优化技术[M].成都:四川科学技术出版社,2002.

[37]王顺久,等. 流域水资源承载力的综合评价研究[J]. 水利学报,2003,(1):88-92.

[38]何东进,洪伟,林改平. 多目标决策的密切值法及其应用研究[J]. 农业系统科学与综合研究,2001,17(2):96-98.

[39]楼文高. 用改进的密切值法综合评价农业技术经济方案[J]. 农业系统科学与综合研究,2002,18(2):92-95.

[40]邓建. 多目标决策密切值法选优的理论及应用[J]. 新疆有色金属,2000,(2):10-14.

[41]王艳洁,郑小贤. 可持续发展指标体系研究概述[J]. 北京林业大学学报,2001,23(3):103-106.

[42]张力菠,方志耕. 系统动力学及其应用研究中的几个问题[J]. 南京航空航天大学学报(社会科学版),2008,10(3):43-48.

[43]常玉苗. 跨流域调水对区域生态经济影响综合评价研究[D]. 南京:河海大学,2007.

[44]邱德华. 区域水安全战略的仿真评价研究[D]. 南京:河海大学,2006.

[45]RALPH A WURBS. Modeling river/reservoir system management, water allocation, and supply reliability[J]. Journal

of Hydrology，2005，300(10)：100-113.

[46]张振伟，杨路华，高慧嫣，等. 基于 SD 模型的河北省水资源承载力研究[J]. 中国农村水利水电，2008，3：20-23.

[47]薛宗保，李铁松. 四川省万源市可持续发展状况的生态占用分析[J]. 水土保持研究，2005，12(5)：155-158.

[48]VAN VUUREN D P, BOUWMAN L F. Exploring past and future changes in the ecological footprint for world regions [J]. Ecological Economics，2005，52(1)：43-62.

[49]张坤民，温宗国，杜斌，等. 生态城市评估与指标体系[M]. 北京：化学工业出版社，2003.

[50]MUNTHER J, HADDADIN. Water issue in Hashemite Jordan, Arab Study Quarterly[J]. Belmount, Sprin, 2000, 22 (5)：54-67.

[51]郭怀成，唐剑武. 城市水环境与社会可持续发展对策研究[J]. 环境科学学报，1995，15(3)：363-369.

[52]高吉喜. 可持续发展理论探索——生态承载力理论、方法与应用[M]. 北京：中国环境科学出版社，2001.

[53]游桂芝，鲍大忠. 灰色关联度法在地质灾害危险性评价指标筛选及指标权重确定中的应用[J]. 贵州工业大学学报(自然科学版)，2008，37(6)：4-8.

[54]王薇，等. 基于 SD 模型的水资源承载力计算理论研究——以青海共和盆地水资源承载力研究为例[J]. 水资源和水工程学报，2005，16(3)：11-15.

[55]陈晓光，徐晋涛，季永杰. 城市居民用水需求影响因素研究[J]. 水利经济，2005，23(6)：23-24,66.

[56]魏丽丽,付强,陈丽燕.哈尔滨市居民生活用水需求弹性分析[J].东北农业大学学报,2008,39(7):34-37.

[57]马东明,张大伟,毛丽娟.大庆市水资源保护对策与措施[J].黑龙江水利科技,2002,03:9-10.

[58]薛小杰,惠泱河,黄强,等.城市水资源承载力及其实证研究[J].西北农业大学学报,2000,28(6):135-139.

[59]BERTRAND K J L. Need for improved methodologies and measurement for sustainable management of urban water systems[J]. Environmental Impact Assessment Review, 2000,20:323-31.

[60]张鑫,李援农,王纪科.水资源承载力研究现状及其发展趋势[J].干旱地区农业研究,2001,19(2):110-121.

[61]常克艺,王祥荣.全面小康社会下大庆市指标体系实证研究[J].复旦学报,2003,42(6):1044-1048.

名词索引

密切值法　3.2

N

农田灌溉面积　5.3
农业配水系数 5.4

O

耦合关系 5.4

P

评价 3.1，3.2，5.3
排放水标准 8.3

Q

权重 5.3

R

软变量 5.4
人均 GDP 6.2

S

生态承载力模型 4.3，7.5
生态足迹 7.4
水循环　1.4，2.2
水资源承载力　1.1，1.3，3.1，3.2，3.3，3.4，6.2，6.3，7.2